科学
不再可怕
生命不再重来
物种加速灭绝
燕 子 主编
哈爾濱工業大學出版社
HITP
HARBIN INSTITUTE OF TECHNOLOGY PRESS
U0409174

图书在版编目(CIP)数据

生命不再重来：物种加速灭绝 / 燕子主编. -- 哈尔滨：哈尔滨工业大学出版社，2017.6
(科学不再可怕)
ISBN 978-7-5603-6299-1

Ⅰ. ①生… Ⅱ. ①燕… Ⅲ. ①物种 – 儿童读物
Ⅳ. ①Q111.2-49

中国版本图书馆CIP数据核字（2016）第270696号

科学不再可怕

生命不再重来——物种加速灭绝

策划编辑　甄淼淼
责任编辑　郭　然　王晓丹
文字编辑　张　萍　白　翎
装帧设计　麦田图文
美术设计　Suvi zhao　蓝图
出版发行　哈尔滨工业大学出版社
社　　址　哈尔滨市南岗区复华四道街10号　邮编150006
传　　真　0451-86414049
网　　址　http://hitpress.hit.edu.cn
印　　刷　哈尔滨市石桥印务有限公司
开　　本　710mm×1000mm　1/16　印张10　字数103千字
版　　次　2017年6月第1版　2017年6月第1次印刷
书　　号　ISBN 978-7-5603-6299-1
定　　价　28.80元

引言

“如果生命可以重来，我一定要重生为一个美男子，哪怕头发、胡子都白了，我也是一个保留风姿的美颜博士哦！”容颜，是卡克鲁亚博士一生中最大的痛处了。

想要生命再来一次是不可能的！这次，卡克鲁亚博士要完成的重要任务就是挽救生命，保护即将灭绝的生物！

你有没有发现，在人类数量逐步增长的同时，地球上的生物种类却越来越少：丹顶鹤在哀鸣，北极熊无家可归，虎王也要退位了，河狸将如何生存，到哪里能找到野生的人参……甚至已经有很多物种消失了：大海牛已经灭绝，斑驴的影子再也看不见了，就连渡渡鸟也永远“抛弃”了我们……

我们和我们的后代只能通过图片、影像、化石等资料了解它们，再也不能近距离看到，甚至触摸到真实的它们了。这是多么悲哀的事情啊！

当你们看到“标志性的两撇小胡子”在为保护生物忙碌时，这个人就是卡克鲁亚博士。你也要记得伸出双手，为保护生物贡献出自己的一份力量！

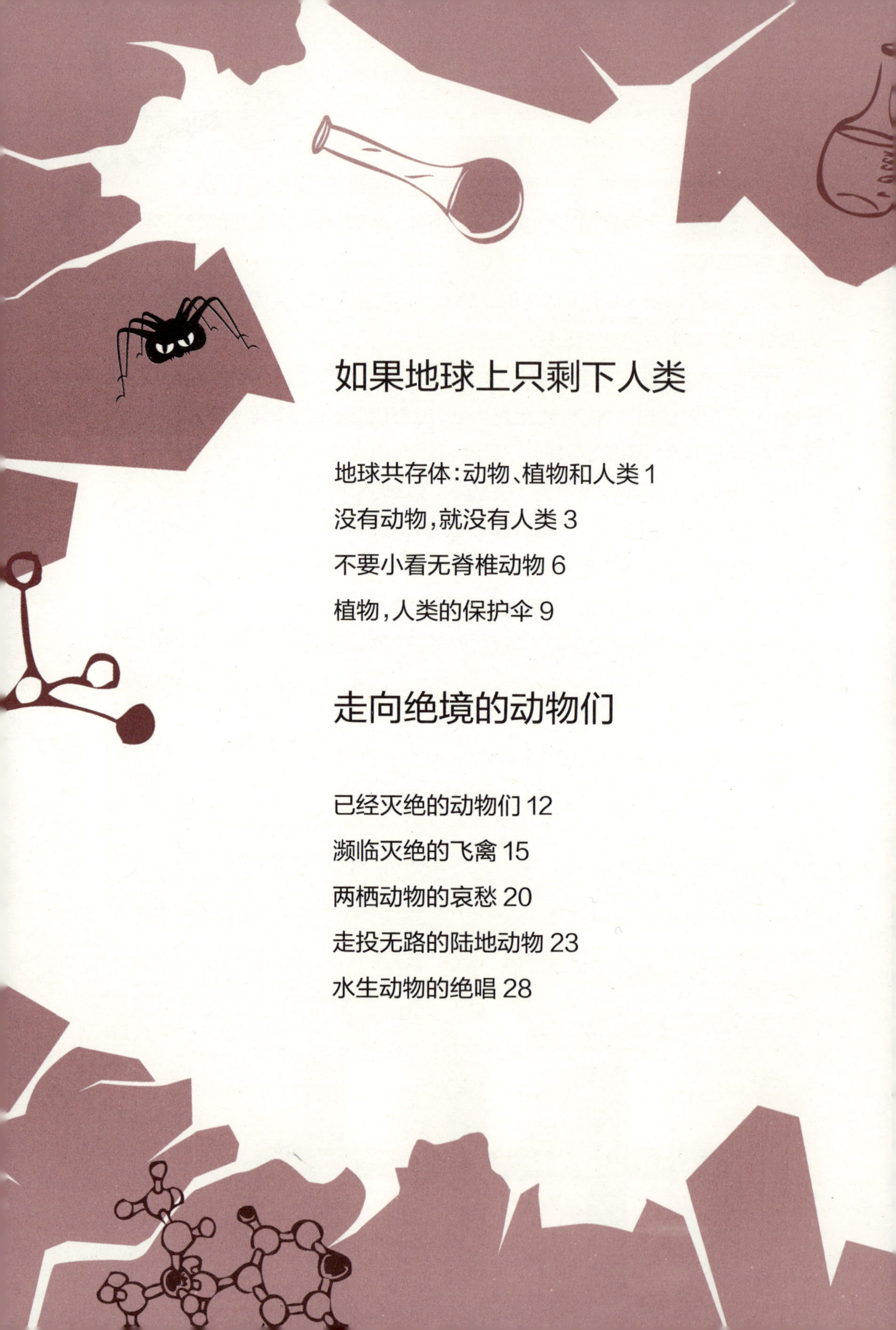

如果地球上只剩下人类

走向绝境的动物们

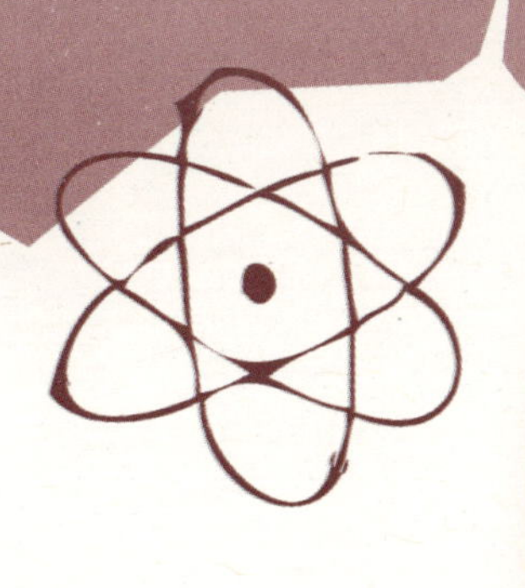

目录

那些濒临灭绝的植物

动植物是地球的“大功臣”

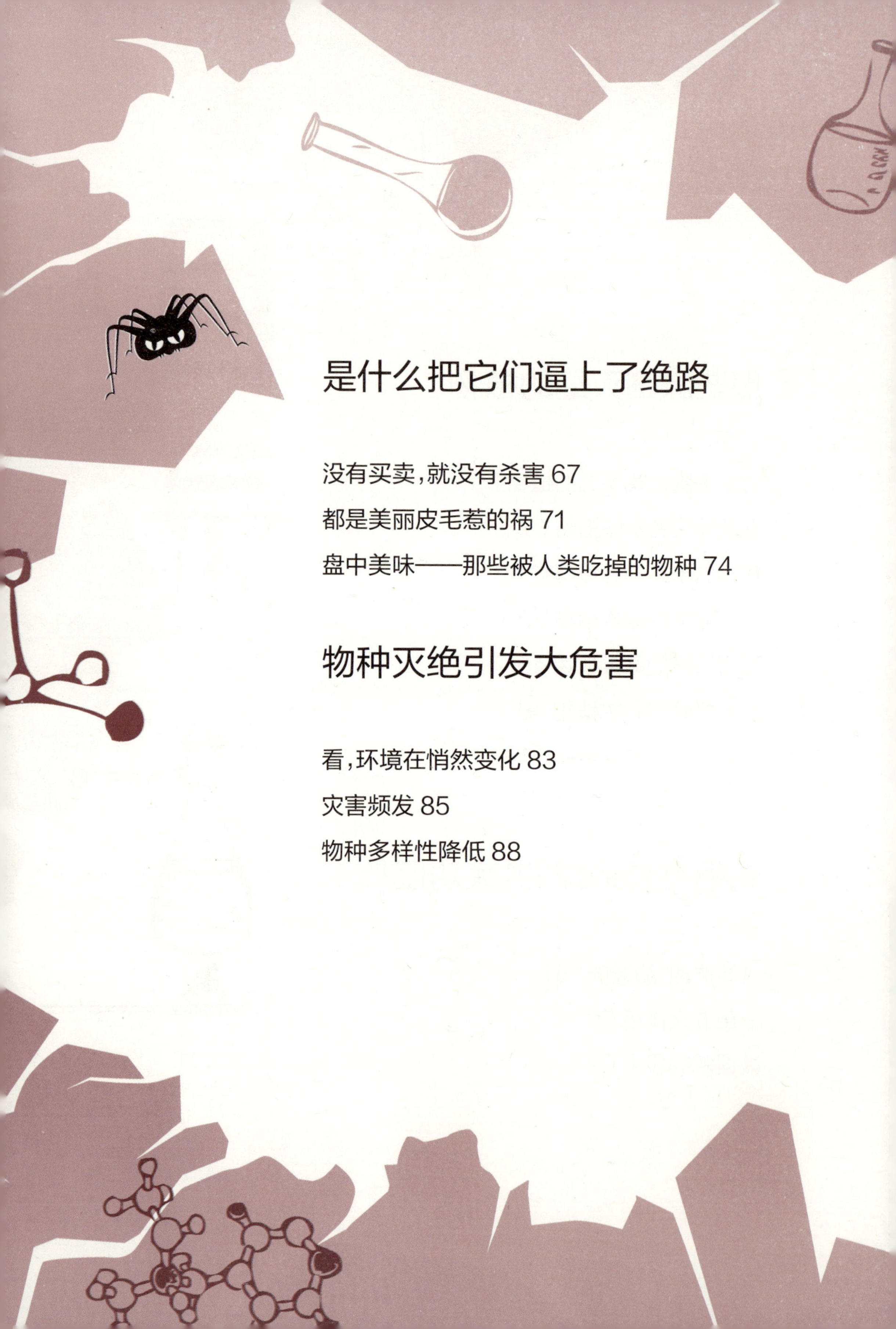

是什么把它们逼上了绝路

物种灭绝引发大危害

目录

为保护动物划分级别

假如没有博物馆

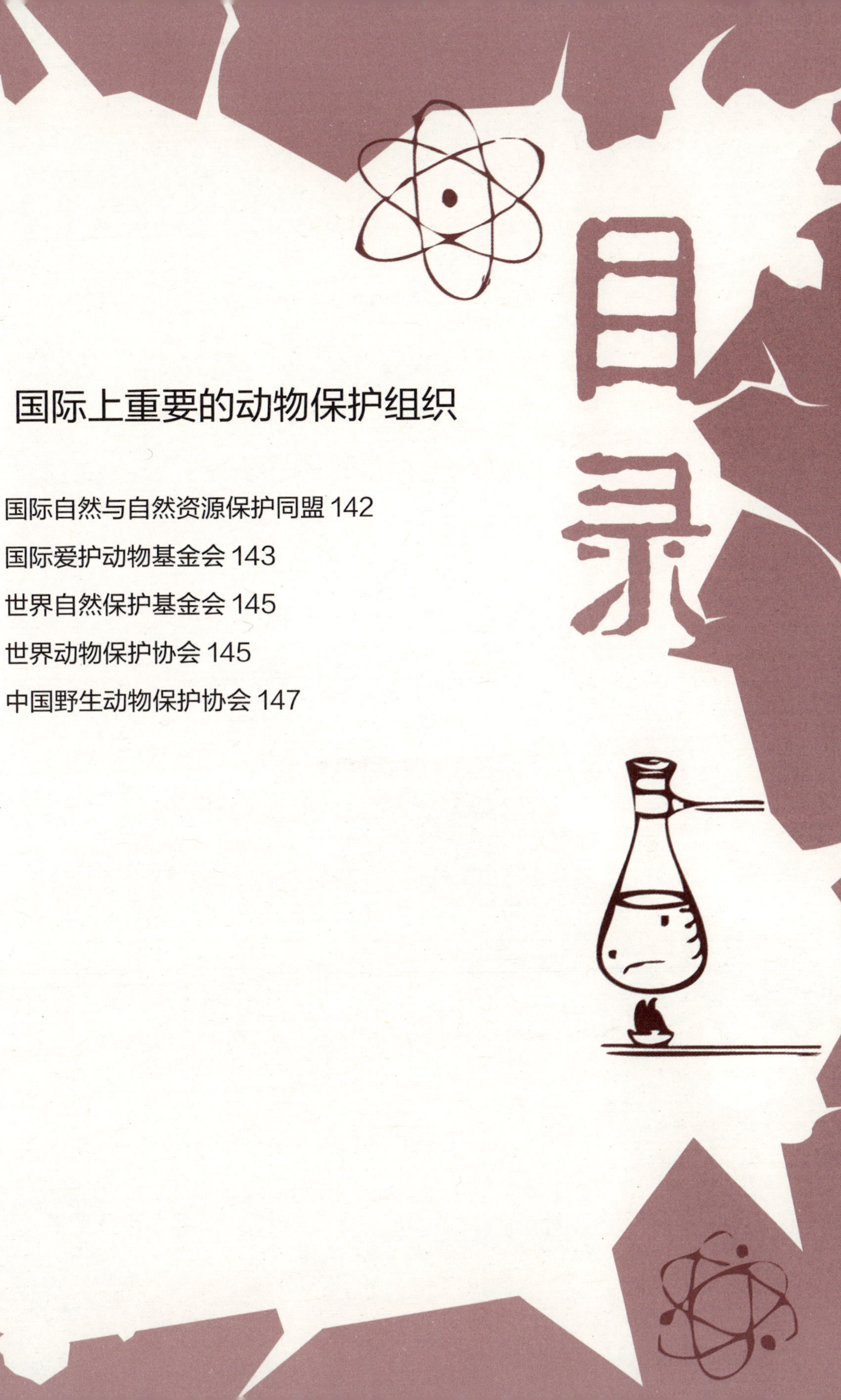

国际上重要的动物保护组织

地球只有一个，
请爱护我们的绿色家园。

如果地球上只剩下人类

如果地球上的生命体只剩下人类……

首先，动物肯定没有了。千万年来，供我们果腹，让我们享用的肉类没有了！

如果你感叹只能吃素了，别忘了，植物也是生命！它们也不存在了。

如果地球上只剩下人类，你甚至没有时间考虑不吃不喝能活多久，因为人会因缺氧而无法呼吸。

只剩下人类的地球将会怎样，现在你该明白了吧！

地球共存体：动物、植物和人类

地球是一个共存体，动物和植物都是人类的好朋友，如果没有它们，人类很难独自在地球上生存。

地球生物圈的主要组成部分

人类、动物和植物是地球生物圈的主要组成部分，三者缺一

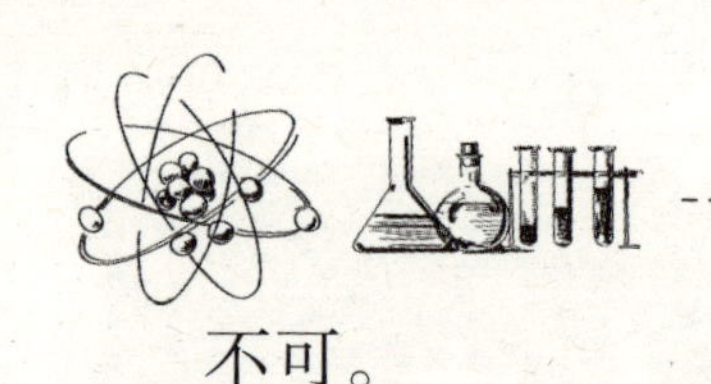

不可。

那么什么是生物圈呢?

生物圈就是生物及其环境的总和,是地球上最大的生命系统。生物圈里的一切生物通过这一系统得以生存,生命得以延续。

人类、动物和植物,少了任何一种,生物圈都不再完整。一旦生态系统遭到破坏,生命也将不复存在。

世间万物相连

世间一切事物都是相互关联的,动物、植物和人类也是这样。在这三者中,人类是最活跃、最积极的。人类要充分发挥自己的作用,珍惜和保护生态系统。

简单来讲,动物和植物为人类提供了食物和资源,人类保护动物和植物。

没有动物，就没有人类

我们已经习惯了周围生活着许多种动物，但是你有没有想过，如果没有了动物，世界将会是什么样呢？

我的答案是：没有动物，就没有人类！

人类是从动物进化而来的

人类不是一开始就存在的，实际上，许多动物都比人类出现得早，之后经过很长时间，在漫长的衍化过程中，才逐渐有了人类。

人其实也是动物的一种，是从类人猿进化而来的。

从四肢着地，到学会独立行走的过程中，人类的大脑也在逐渐发育。大脑的发育代表着智商越来越高，人类也就慢慢与动物区分开来了。

餐桌上的美味来源

很多同学都喜欢吃肉，像鸡肉、鸭肉、牛肉、鱼肉、猪肉……看着餐桌上丰富的肉类，闻着食物散发出的阵阵浓郁的香味，我们都忍不住流口水！不过在享受美味的同时，可不要忘了，这些食物都来源于动物哦！如果没有了动物，恐怕我们的餐桌上要少很多美味。

我还要提醒大家，不要为了口腹之欲去伤害那些珍稀的动物，比如经常被人提及的美味鱼翅，虽然是很小的一盘，却让一条巨大的鲨鱼付出了生命的代价！

我们最重要的伙伴

你养过猫、狗，或者仓鼠一类的小动物吗？它们不仅是人类的宠物，更是人类的伙伴。还有很多动物像它们一样，不仅能给我们带来乐趣，还能帮助我们，保护我们。

在过去，农民伯伯耕地是需要牛来帮忙的。在沙漠中，四个轮子的汽车没办法行驶，骆驼却是最重要的交通工具。骆驼是名副其实的

“沙漠之舟”！

你知道吗，澳大利亚号称是“骑在羊背上的国家”，可见羊对这个国家是多么重要啊！

其实不仅仅是以上列举的这些，还有很多动物帮助我们人类的例子，动物真是我们人类最重要的好伙伴！

动物全身都是宝

当人们生病的时候，吃药可以有效缓解病情。不仅仅是植物，还有很多动物也是可以入药的。

明代李时珍的《本草纲目》中记载的可入药的动物就有461种，像牛黄、鹿茸、麝香、龟板等，这些都是非常宝贵的医药资源。

我要提醒大家，虽然这些药材很宝贵，但也不要滥取、滥用，以免给动物造成巨大的伤害。

动物不仅可以作为食物和入药,它们的皮毛还可以做成很好的装饰品或者衣物。但我还是希望大家不要穿由野生动物的皮毛制作的衣物,因为每一件皮毛衣物都是用动物的鲜血换来的。

不要小看无脊椎动物

根据是否有脊椎骨这一特征,动物可以分成两大类,即无脊椎动物和脊椎动物。千万不要小看无脊椎动物,它们可是非常厉害的!

世界上种类最多的动物

大自然中,生活着许多动物,它们的种类数不胜数。那么哪一个种类的动物是最多的呢?

答案当然是无脊椎动物,它们占动物种类总数的95%!

无脊椎动物,顾名思义,其主要特征是没有脊椎。它们的神经系统在消化管的腹面,心脏在消化管的背面,这些与脊椎动物完全相反。

形形色色的无脊椎动物

无脊椎动物种类繁多,它们的形态特征、生理功能各异。

无脊椎动物是个大家族,家族成员包括原生动物、海绵动物、腔肠动物、多孔动物、扁形动物、线形动物、环节动物、软体动物、节肢动物、腕足动物、须腕动物、棘皮动物等。

人们常见的海中的螃蟹、虾类,土壤中的蚯蚓,空中的蜜蜂、蝴蝶都属于无脊椎动物。别小看无脊椎动物,它们占据了整个海、陆、空哦!

无脊椎动物的重要性

在人们的日常生活中,无脊椎动物起到了非常重要的作用!

▶为人类提供丰富的食物

螃蟹、大虾、海蜇一类的海产品是餐桌上的美味,这些海产品自成一派,称为“海鲜”。

▶是农民伯伯的好帮手

有些无脊椎动物是农业害虫的克星，农民伯伯可少不了它们。瓢虫专吃蚜虫，赤眼蜂可以防治棉铃虫。还有在土壤中默默奉献的蚯蚓，它们“潜伏”在泥土里，使土壤疏松，这样就可以让空气和水分深入土壤中，植物就能得到更加充足的养分，更加健康地成长。

▶是植物的好伙伴

勤劳的小蜜蜂拍打着自己的翅膀，从这朵花飞向那朵花。这可不只是为了采集花蜜，它们是在为植物授粉呢，这样植物才可以正常生长。可以说，如果没有蜜蜂，很多植物可能早就灭绝了。

原生动物很小，小到甚至只能通过显微镜才能看到。不过，它们对人类的益处却很大！拿草履虫来说，它们能大量吞食细菌，一只草履虫每天约能吞食 4.3 万个细菌，可以有效净化污水。

植物，人类的保护伞

植物不仅可以防风固沙，防止水土流失，还可以吸收粉尘。在我们埋怨地表被破坏，雾霾越来越严重的同时，是不是也要反思一下我们自身，到底有没有好好地保护植物呢？

简单来说，如果一个地方的环境不好，当地的植物生长状况一定不佳。植物是很有灵性的生命，它们可以监测环境。

空气中的二氧化硫达到 1~5mg/L 时，人才能闻到气味，而紫花苜蓿在二氧化硫浓度为 0.3mg/L 时就会出现症状。同时，植物也是很“辛苦”的，当它们感知到环境有问题时，就会努力吸收环境中的有毒物质，消灭病菌。例如：柳杉可以吸收二氧化硫，刺槐和银桦可以吸收氯气和氟化物，松柏可以分泌杀菌素，新鲜的桃树叶可以驱杀臭虫，黄瓜的气味可使蟑螂逃之夭夭，洋葱和番茄植株可以驱赶苍蝇……

除此之外，你还知道哪些植物呢？它们都有哪些作用呢？

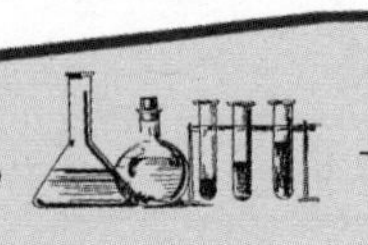

相关趣闻

最小的无脊椎动物

相对于脊椎动物来说,无脊椎动物的体型都偏小。那么最小的无脊椎动物是什么?它有多小呢?

极地冰虫被生物学家认为是最小的无脊椎动物。它生活在终年积雪的冰川地带,是冰封大地中最活跃的生物。

极地冰虫非常小,在雪地里就像一丝细细的小黑线。即便是在有明显颜色对比的白雪中,这条“小黑线”也要非常仔细寻找才能找到。

趣味指数:★★★★★

最大的无脊椎动物

大家在电视上一定都看到过乌贼吧，它长着10条又细又长的腕和一个墨斗。每当遇到危险情况，它就会喷出一大片墨汁迷惑敌人，然后趁乱逃跑！

乌贼的墨汁不只有黑色，它的墨斗里装着红、黄、蓝、黑等多种颜色的墨汁。每当喷射墨汁时，聪明的乌贼总会“临时调配”，在一两秒钟内选择最合适的墨汁喷射出来，以掩护自己逃跑。

乌贼不仅有喷墨这个“障眼法”，其本身也天赋异禀。乌贼的身体滑溜溜的，在海中游动的阻力很小。当它遇到危险情况时，更能够借助嘴巴喷出水流，把自己“弹”跑。

乌贼不仅跑得快，还是个跳高能手，它能一跃蹿出水面7~10米，还能像炮弹发射一样，在空中飞行约50米。大家如果在海边看到一个白乎乎、圆滚滚的东西突然飞出水面好远，可不要惊讶，那是乌贼在跳高呢！

大王乌贼一般生活在深海地区，它们是体型最大的无脊椎动物，最长甚至可以达到13米，相当于3、4层楼房那么高，它们可是不折不扣的“高个子”。

趣味指数：★★★★★

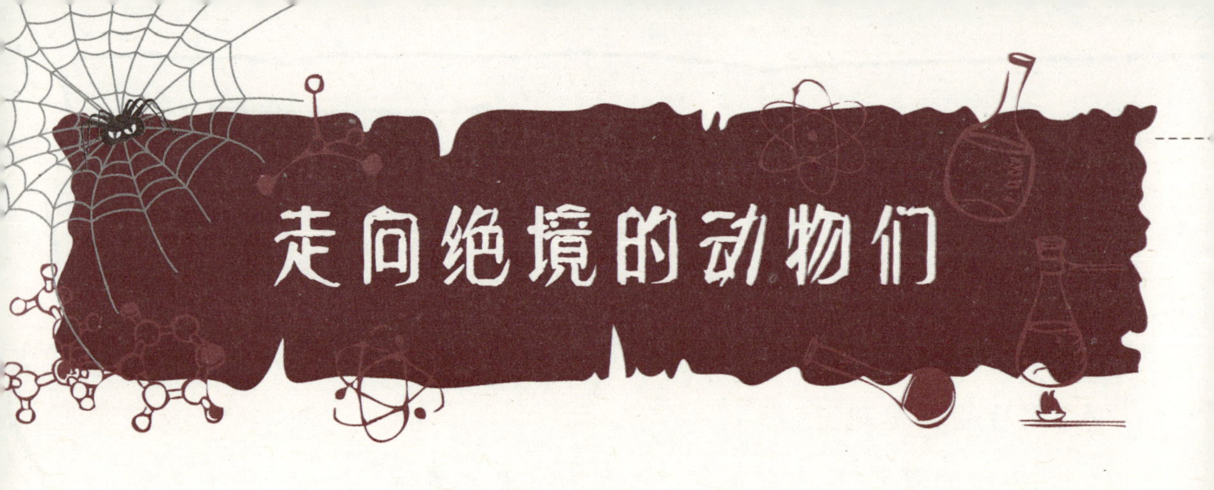

走向绝境的动物们

在地球上，有一些动物已经灭绝了，还有一些动物也快要消失了。这些动物有着怎样悲惨的遭遇，现在又处于怎样的困境呢？

你一定很想了解，为什么动物会灭绝？它们的种类为什么越来越少呢？这个答案你是绝对不想听到的。因为人类是动物的“头号杀手”，我们需要为自己所犯下的错误买单。

已经灭绝的动物们

自地球上有生命以来，已经有许多动物永远地消失了，我们再也看不到它们了。现在就让我们一起去探究这些曾经在地球上存在过的动物吧！

草原骑士——斑驴

斑驴长得很特别，你肯定一眼就能认出它。斑驴的前半身有着斑马一样的条纹，后半身则像马一样，没有斑纹。“斑驴”这个名字就是由此而来的。

斑驴生活在非洲的广阔草原上，主要以草为食，同时也吃树皮、树叶等。

19 世纪初期，欧洲人看中了斑驴漂亮的皮毛，于是大量猎杀斑驴。他们还残忍地剥下斑驴的皮做成标本，运回欧洲市场出售。

到了 19 世纪 70 年代，可怜的斑驴已经所剩无几了。1883 年，世界上最后一头斑驴死于荷兰的阿姆斯特丹动物园。从此以后，斑驴就在地球上消失了。我只能通过文字和图片让大家看一看曾经的斑驴。

不会飞的渡渡鸟

别看渡渡鸟的名字里带一个“鸟”字，但它却不会飞。

渡渡鸟又叫嘟嘟鸟，仅生活在印度洋的毛里求斯岛上。由于人

类的活动和捕杀，这种鸟在被人类发现后仅仅 70 年的时间里，就彻底灭绝了。这到底是怎么回事呢？

由于渡渡鸟不会飞行，因此非常容易遭到猎捕。葡萄牙人第一次登陆毛里求斯岛，便随意地捕杀它们。

而后，荷兰人来了，他们更加过分，不仅毫无理由地滥杀，还滥砍森林建造城市，逐渐破坏了渡渡鸟的生存环境，渡渡鸟慢慢地走向了灭绝。

世界第一高鸟——恐鸟

听到恐鸟这个名字，你会不会认为它与恐龙有关系呢？不！恐鸟属于鸟类，和恐龙没有任何关系。

恐鸟是大洋洲最高的鸟，成鸟有两个成人那么高。和渡渡鸟一样，恐鸟也是一种不会飞的鸟，原因就是恐鸟并没有翅膀。

1350 年，毛利人划着独木舟来到了新西兰。首批毛利人一上岸，就见到一只只又高又大的鸟走来走去，他们惊恐万分，慌忙逃回船上，所以毛利人就给这些鸟起名为“恐鸟”。但实际上，恐鸟性

情温顺，行动迟缓，并不会威胁人类的安全，反倒是人类威胁了它们的生存。

恐鸟的肉、蛋都可以食用，皮肤、羽毛和骨骼可以制作衣服、饰物、用具和武器。毛利人大肆捕杀恐鸟，还大面积放火烧荒，使恐鸟失去了住所。从18世纪末到19世纪初，恐鸟全部灭绝，现在留给人类的只有恐鸟的少数标本和传说。

濒临灭绝的飞禽

飞禽有一个人类没有的优势，那就是有一双翅膀。凭借着一双翅膀，它们可以在天空中自由地翱翔，然而这依旧不能阻止它们走向灭绝！

独特的丹顶鹤

丹顶鹤因为头有“丹顶”而得名。“丹顶”的意思是说丹顶鹤头顶裸露的部分是红色的。奇特的是，丹顶鹤的头顶并非一直是红色的，让我告诉你原因吧！

丹顶鹤的丹顶是腺体前叶分泌的激素产生的。丹顶鹤的幼鸟是没有丹顶的，它们的头上是白色的。在它们性成熟后，头顶才会变成红色。而当丹顶鹤死后，丹顶就会渐渐褪去红色。这真是太不可思议了！

▶丹顶鹤的丹顶真的有毒吗？

你一定听说过鹤顶红吧？鹤顶红和丹顶鹤到底有没有关系呢？难道它真的是丹顶鹤头上的一抹红吗？

丹顶鹤的丹顶真的有毒吗？

有人曾经做过实验，在小动物的食物中加入丹顶鹤的丹顶细屑，小动物吃了以后没有任何异常反应，这说明丹顶鹤的丹顶并没有毒。

那么鹤顶红是什么呢？其实鹤顶红是红色的砒霜，有剧毒，只因它的颜色鲜红，就像丹顶鹤的丹顶一样，所以人们就叫它“鹤顶红”。现在，你明白丹顶和鹤顶红的区别了吧！

▶丹顶鹤的呼唤

在动物世界里，丹顶鹤只能算是一种弱小的动物，它们有许多强大的天敌。要想生存下去,丹顶鹤必须时刻保持高度的警惕性,因此它们在休息的时候,常常是一条腿站立着,另一条腿缩到身子下面。

由于人口的不断增长,丹顶鹤的栖息地不断变为农田或城市,加之人类的偷猎,丹顶鹤的数量急剧减少。至2013年,全世界的丹顶鹤总数仅有2 400只左右,其中在中国境内越冬的有1 000只左右。

丹顶鹤的生存环境面临极大的威胁,它们的哀鸣声,你听到了吗?

气度不凡的虎头海雕

虎头海雕是一种气度不凡的飞禽。森林上空,雄姿英发的虎头海雕凌空盘旋;海岸边,英姿飒爽的虎头海雕振翅翱翔,并发出具

有穿透力的叫声。这是多么有气势的画面啊!

虎头海雕是长着“虎头”的海雕吗?不,虎头海雕并没有老虎一样的头。它长着黄色钩状的大嘴,鼻梁和额部之间有白色的斑块。虎头海雕的头部斑点和老虎头上的“王”字有异曲同工之妙!

▶虎头海雕现状

虎头海雕看起来很勇猛,其实它们也属于易受害物种。它们的种群数量稀少,并且仍在下降中,罪魁祸首就是环境污染。

目前,全世界仅有 6 000~7 000 只虎头海雕。虎头海雕已经被列入《国际自然与自然资源保护同盟》(IUCN)2012 年濒危物种红色名录。

▶堪察加半岛上的虎头海雕

在堪察加半岛海岸沿线,生活着大约 2 000 只虎头海雕,足有全世界虎头海雕种群总数的 1/3。

为什么虎头海雕可以在这里生存呢?

说来令人难以置信,俄罗斯军方对这一地区的利用,是这里海雕如此之多的主要原因。因为半岛长期以来就是封闭的军事重地,不受干扰,所以虎头海雕才能在这里繁衍生息。

东方明珠——朱鹮(又名朱鹭)

要问中国最珍稀的鸟类是什么,朱鹮一定名列前茅,这种飞禽被动物学家誉为“东方明珠”。

朱鹮非常美丽,唐代诗人张籍作诗歌咏:

朱鹭

翩翩兮朱鹭,来泛春塘栖绿树。

羽毛如翦色如染,远飞欲下双翅敛。

避人引子入深堑,动处水纹开滟滟。

谁知豪家网尔躯,不如饮啄江海隅。

然而这样美丽的景象并没有长久保存下来。树木被大量砍伐,森林变成耕田,加之人口激增,乱捕滥猎,朱鹮的数量急剧减少。人们一度认为它已经灭绝。

难道朱鹮真的消失了吗?

20 世纪 70 年代后期,中国鸟类学家开始寻找朱鹮。1981 年,他们终于在陕西洋县姚家沟发现了 2 窝共 7 只朱鹮,这是当时世界上仅存的野生朱鹮。

两栖动物的哀愁

两栖动物，顾名思义，就是既可以在水中生活，也可以在陆地生活的动物。尽管它们的生存领域更广，但还是没能阻挡它们走向灭绝的道路。

“娃娃鱼”——大鲵

大鲵是目前世界上最大的两栖动物。它还有另外一个名字，就是“娃娃鱼”。

大鲵的腹部长着2条“胳膊”和2条“腿”，前肢各有4个指头，后肢是5个指头。圆胖的掌心和指头，很像小孩儿的手掌。当它半张着嘴的时候，还会露出洁白细密的牙齿，就连它的叫声都像是婴儿在啼哭。难怪人们叫它“娃娃鱼”。

▶懒惰的大鲵

大鲵是一种很懒惰的动物，它几乎不会主动去捕食。就像成语“守株待兔”中的农夫一样，它总是安静地等待猎物自己上门，然后便猛扑过去，一口吞下，再让肠胃慢慢消化。

不过呢，大鲵也有懒惰的资本！你一定知道有“沙漠之舟”之称的骆驼吧，骆驼可以好几天不吃不喝，大鲵也是这样。

大鲵的胃口很大，10斤重的大鲵一次能吞食十几只青蛙，而且它对食物的消化很慢，能将丰富的营养长期保存在体内，所以可以多日不吃食物。

它到底能坚持多少天不吃食物呢?

有人曾做过实验，把大鲵放在清水里，6个月不喂任何食物，它居然没有饿死!

▶都是肉嫩味鲜惹的祸

中国是大鲵的原产国。由于大鲵肉嫩味鲜，遭到人们的大量捕杀，20世纪70年代还被大量出口换汇，现在已经濒临灭绝。

为了保护大鲵，中国已于1988年将大鲵列入国家二级重点保护野生动物。江西省宜春市靖安县还建立了中国首座大鲵生态园，是目前全国唯一的“中国大鲵(娃娃鱼)之乡”。

如果你对娃娃鱼感兴趣，有机会可以去那里看一下。

“活化石”——扬子鳄

说到扬子鳄，你一定不会陌生，它是我国特有的一种动物。扬子鳄还有好多名字呢，比如土龙、猪婆龙，还有一个名字叫中华鳄。

哈哈，一听就知道是我们中华民族特有的动物！

▶最后的活化石

扬子鳄是一种古老的爬行动物，人们称它为“最后的活化石”。为什么这样称呼它呢？

因为扬子鳄曾经和大名鼎鼎的恐龙一起生活过。它身上还保留着古代恐龙的许多特征，人们可以从扬子鳄的生活习性去了解恐龙的一些生活习性。扬子鳄真是名副其实的“活化石”！

▶欺骗性的外表

扬子鳄看起来非常凶猛，它的嘴巴特别长，里面长着锋利的牙齿，而且它还能把嘴张到90度。

西方有个谚语叫“鳄鱼的眼泪”，在人们的观念中，鳄鱼是一种极其凶残的动物，鳄鱼流出的眼泪也是虚伪的眼泪。

但真相是什么呢？别看扬子鳄的外表看起来很凶猛，实际上，它的性情温和，从不伤害人。它以鱼、蚌、田螺为食。

长期以来，扬子鳄一直被人们误认为是“害群之马”而加以捕杀，因此数量稀少。现在，野生扬子鳄的数量可能不足200条，其中约有40条成年扬子鳄。扬子鳄也在我们的“保护动物名单”上。

走投无路的陆地动物

我们所认识的大部分动物都是陆地动物，它们在大地上尽情奔跑，享受大自然的美好。但是随着环境的不断破坏，以及人为因素的影响，有些陆地动物已经无法生存，无处可去，它们的数量也在不断减少。

濒临灭绝的独行者——虎

在中国人的意识中，虎是最为霸气的动物。有很多成语，例如虎虎生威、龙腾虎跃、生龙活虎、如虎添翼等，都表达了一种对虎的敬畏之情，可见虎在人们心目中的崇高地位。

在“谁是真正的兽中之王”的争论中，虎是唯一对狮子构成威胁的动物。人们总是设想狮子和虎相遇，谁会是胜利者，不过这种比较没有任何现实意义。

为什么说虎是独行者呢？

虎是动物界的“大王”，处于食物链的最顶端。这也就是说，只有

虎吃别的动物，而别的动物不敢也没有能力吃老虎。虎有它与生俱来的骄傲，不屑与别的动物，甚至同类待在一起，一般都是独来独往。

▶西伯利亚虎和孟加拉虎的遭遇

西伯利亚虎也叫东北虎，是体型最大的虎种，当之无愧的“兽中之王”，目前野生虎约有 500 只。它们生活在西伯利亚的泰加森林。但是这里的树木总是被砍伐用来造纸。如果没有了森林，老虎就不能生存。

孟加拉虎是现存最多的一种虎，生活在印度、尼泊尔、孟加拉和中国等地，是第二大虎种，目前有 3 000~4 600 只。

“四不像”——麋鹿

你看过《封神榜》吗？里面姜太公的坐骑就是“四不像”。这个“四不像”到底是什么动物呢？它就是麋鹿。

麋鹿是一种长相很奇特的动物：它的面似马非马，蹄似牛非牛，尾似驴非驴，角似鹿非鹿。看起来可不就是四种都不像嘛！

▶麋鹿的生活习性

麋鹿是一种大型食草动物，喜欢以嫩草和水生植物为食。仅雄鹿有角，颈背比较粗壮，四肢粗大。麋鹿性好合群，善游泳，原产于我国长江下游沼泽地带。

▶麋鹿的现状

麋鹿原本是中国特有，后来由于自然和人为因素，在汉朝末年近乎绝种。元朝时，残余的麋鹿被饲养于皇家猎苑内，以供游猎。

到了19世纪，列强入侵，麋鹿被盗往国外，从此也就不再是中国所特有的了。为了保护麋鹿，我国建立了4个麋鹿繁育基地，分别是北京南海子麋鹿苑、江苏大丰麋鹿自然保护区、湖北石首麋鹿自然保护区、河南原阳县麋鹿散养场。

目前，麋鹿已被列入《国际自然与自然资源保护同盟》(IUCN)2012年濒危物种红色名录——野外绝灭(EW)。

国宝级动物——大熊猫

大熊猫是世界著名的珍稀动物。由于大熊猫是迄今为止世界上非常稀有的古老动物，因此又被称为动物的“活化石”，它在动物学上有极为重要的研究价值。

▶可爱的外形

大熊猫分布在我国四川北部、陕西和甘肃南部。大熊猫的外形像熊，成年大熊猫体长 150~180 厘米，体重 80~180 千克。大熊猫的外形非常可爱，它有一条短短的尾巴，身上的毛密而有光泽，眼睛周围、耳朵、前后肢和肩部均为黑色，其余部分皆为白色。它性情温顺，体态肥胖，毛色黑白相间，让人一看到就会忍不住去拥抱它！

▶生活习性

大熊猫生活在海拔 2 600~3 500 米的箭竹茂密的高山地区，周围永远有浓密的竹林和流动的溪水。

你可能不知道，大熊猫原本是一种食肉动物，后来为了适应环境的变化，它们逐渐改变了生活习惯，成为食肉动物中的素食者。现在的大熊猫主要以竹子为食物。

大熊猫还有攀缘避敌的特殊技能。当它们受到惊扰或遇到敌害时，能快速爬上高树隐藏，借以保护自己。

▶巨大的价值

大熊猫不仅具有重要的研究价值，在对外文化交流中也具有重要意义，它已成为友好的象征。我国政府将大熊猫作为礼物赠送给日

本、美国、英国、法国、德国、西班牙、墨西哥等国家,这些国家的政府和人民十分喜爱大熊猫,称之为“友好使者”。

为纪念香港回归祖国,1999 年 3 月,中央人民政府将四川卧龙中国保护大熊猫研究中心的一对大熊猫“安安”和“佳佳”作为礼物赠送给香港特别行政区。

水生动物的绝唱

你生活的周围是否有河流？水质是否清澈、无污染呢？也许很多同学的答案是否定的。水质污染已经成为严重的环境污染问题，而水是水生动物赖以生存的家，水质污染严重，水生动物的命运可想而知。

鱼中之皇——鳇鱼

鳇鱼种类稀少，数量较多的有2种，即我国黑龙江的鳇鱼和生活在海洋中的欧洲鳇鱼。

▶鱼中之皇

鳇鱼的头略呈三角形，嘴长且尖，全身呈深褐色，体长约2米，最长可达5米。鳇鱼的肉质极为美味，有“鱼中之皇”的美称。

鳇鱼还曾和人参、飞龙等一同被列为献给皇帝的贡品。鳇鱼很重，普通的一条就有上百千克，大的有1 000多千克。鳇鱼的经济价值很高，鱼皮是制作高档皮革制品的上好原料，除此之外，它还有很好的药用价值，其肉含有10多种人体所需的氨基酸，可促进大脑发育，软化血管等。

▶孤僻的鳇鱼

鳇鱼性情孤僻，头脑愚笨，没有兴趣漫游四方，也不喜欢长距离的旅行。它常年生活在深水处，过着寂寞的独居生活。

这样懒惰而孤僻的鳇鱼是怎样捕食的呢？

原来它常常潜伏在急水流和稳水流交汇的漩涡处，当成群悠然自得的小鱼被突变的水流冲击得晕头转向时，鳇鱼便会趁机偷袭这些送到嘴边的美味佳肴。

“恋家”的中华鲟

通过名字就知道，中华鲟是我国特有的一种鱼类。它们非常依恋自己的故乡，即使有些被移居海外，也要千里寻根，洄游到故乡——长江里“生儿育女”。

▶古老原始的鱼类

中华鲟最早出现在距离今天2亿3 000万年前。

随着岁月的变迁，无数古老的生物都先后灭绝了，然而中华鲟却奇迹般地存活下来，甚至还保留了原貌，让我们有幸可以通过中华鲟去探索2亿多年前的自然界。

▶鲟鱼之王

中华鲟体型巨大，形态威武，成鱼体长有 4 米多，重 500 多千克，是最大的淡水鱼，也是名副其实的“鲟鱼之王”。中华鲟的寿命也很长，可以活到 100 岁，是鱼类中的“老寿星”。

身体庞大的巨骨舌鱼

巨骨舌鱼是一种古老的鱼种，又叫海象鱼，是南美大陆最大的淡水鱼。它生活在世界上最原始的热带丛林水域里，常见于巴西、秘鲁的亚马孙河流域以及委内瑞拉、哥伦比亚境内的亚马孙水系的支流中。

▶奇特的外形

巨骨舌鱼长着尖而长的头、青色的宛如金属般的脊背、古铜色的侧身和大块鳞片，有的鳞片边缘是鲜艳的红色。

巨骨舌鱼身体庞大，最大的体长可达 6 米，重达 100 千克。巨骨舌鱼还有一张大嘴，嘴里有坚固发达的牙齿。这么吓人的外形，让水里的很多生物都“敬而远之”！

▶巨大的气囊

巨骨舌鱼主要栖息在水流缓慢的河里,甚至能在含氧量很低的水域生存,因为它有巨大的气囊。这种气囊是由肺叶的组织构成,可以充当附加的呼吸器。它也能像大西洋的大海鲢一样浮到水面吸氧。

巨骨舌鱼常常潜伏在水面的障碍物下,伺机张开巨口吞食猎物和钓饵。这种鱼上钩后虽然不跳出水面,但也拼命地摆动身躯或在水面使劲翻滚,那巨大的身躯和力量让垂钓者感到很棘手。

▶很难寻找的巨骨舌鱼

巨骨舌鱼的经济价值很高:鱼肉是亚马孙河沿岸土著居民的重要食物来源之一,还可以制成干品或盐制品;鳞片大而坚硬,可以磨成爪刀;还可以作为观赏鱼。

由于过度捕捞,目前巨骨舌鱼已经是亚马孙河最难寻找的鱼类之一了,尤其较大个体的巨骨舌鱼更难见到。

巨骨舌鱼已经被列入《世界濒危物种保护公约名录》,目前被引入泰国的河流中繁衍生息。

海南虎斑鳽是一种珍稀鸟类，于19世纪末，在我国的海南岛被首次发现。该鸟昼伏夜出，生活习性一直鲜为人知，故有着“世界上最神秘的鸟”之称。之前，全世界也只有在大英博物馆，存有该鸟的一副标本。人们一度认为它已经灭绝，直到1999年，有关专家才再次在野外见到它的踪迹。该鸟属于濒危鸟类，被列为全世界30种最濒危鸟类之一。

相关趣闻

大熊猫的秘密

人类每只手有5根手指,也有个别人多长出一根手指,就是“六指儿”。“六指儿”被认为和其他人不同,有的人会动手术割掉一根手指,就和正常人一样了。

你一定不知道吧!大熊猫也是“六指儿”。如果不相信,你可以仔细观察一下。原来在它的大拇指旁边,还长着一根“六指儿”呢!你不要小瞧这根“六指儿”哦!这就是大熊猫能拿起竹子啃着吃的秘密:它的第6根指头能弯过来,和其他5根指头对握,这样就能抓住竹子了。

细心的同学可能会问:“大熊猫和狗熊是同一个祖先,为什么大熊猫有‘六指儿’,狗熊却没有呢?”实际上它们并不是一个祖先,只不过大熊猫的祖先和狗熊的祖先一样,都是吃肉的,后来大熊猫的祖先改吃竹子了,它们的爪子也就逐渐进化,慢慢地长出来一根“六指儿”。

趣味指数:★★★★★

超级懒宝宝

公园里的大熊猫面对热情的游客总是“不冷不热”的，无论大家怎么叫它，它都一动不动，可不是因为它“高贵冷艳”，而是因为它就是一个名副其实的超级懒宝宝！

一天中，大熊猫的大多数时间都是懒洋洋的，偶尔活动一下，也只是每小时移动约20米。

不过这么懒，可不能全怪大熊猫，它们也是被逼的！由于它们的祖先是吃肉的，如今改吃素了，大熊猫还有许多不适应。竹子营养少，不容易消化，大熊猫好不容易积攒一些热量，当然是能少运动就少运动喽！久而久之，懒宝宝就形成了。

趣味指数：★★★★★

那些濒临灭绝的植物

植物也是有生命的。

虽然植物一向很沉默，但这并不意味着你不浇灌它，不保护它，肆意伤害它，它就没有任何反应。植物有它的身体语言，它会用根、茎、叶等表达自己的情绪。这样可爱而又美丽的生命，你怎么忍心伤害它呢？

地球上再也找不到的植物

有些植物已经成为化石，甚至化为尘埃，我们永远也见不到了。这些再也找不到的植物，提醒我们要珍惜现在的每一株植物、每一个生命，特别要保护好那些濒临灭绝的植物。

默默牺牲的鳞木

说起鳞木你可能很陌生，因为它已经灭绝了，不过我们还是可以寻找到它留下来的踪迹。冬天的时候，我们需要烧煤取暖，而鳞木就是重要的成煤原始物质。在你偶然看到的一块煤炭里，说不定

就有鳞木的痕迹，记录了它所做出的牺牲和贡献。

提到鳞木名字的由来，我们还得从它的叶子说起。鳞木的叶座是菱形的，叶子在树干的叶座上呈螺旋状排列。当叶子脱落之后，树干看起来很像鱼鳞片状的印痕。这是不是很有意思呀？

逝去的芦木

别看芦木高达 30 米，却是蕨类植物中的一种。不过呢，它属于蕨类植物中比较特别的一个类别——木本蕨类植物。

►外观上，和现代的木贼很像

芦木和现代的木贼外观上很像，它的茎是中空的，有节的部分长出轮生叶和侧枝，叶子是披针形或者线形的。

想要更多地了解芦木,可以根据木贼的外形,在自己的头脑里想象已经灭绝的芦木的样子。

逐渐消失的茎块植物

对于茎块植物,你可能并没有特别注意,因为它们的茎块埋在地下,不挖出来很难看见。

茎块植物是个大家族,像我们平时吃的土豆、红薯,都是茎块植物。有些茎块植物越来越少,面临灭绝危机。

千年之灵——人参

东北有“三宝”:人参、鹿茸和貂皮。其实不仅在东北,在全世界,人参都是价值连城的。有人把千年人参比作灵丹妙药,可以起死回生、长生不老。虽然有些夸大其词,但也充分说明了人参的重要药用价值。

▶真有千年人参吗

我们常以人参的年份来判断人参的品级高低。千年人参,恐怕是顶级的人参了。千年人参非常稀少,而野生的千年人参就更少了。现在,市面上出售的人参多为人工种植。

植物和人一样,也是有生命周期的,活到一定年龄就会死去。但是人参确实可以活很长时间,一般植物在地底下容易腐烂,但人

参含有人参皂苷，可以防止腐化，所以只要不被破坏，人参就可以活很久很久。

▶稀少的野生人参

鉴别人参，除了年份以外，是否野生也是非常关键的一点。如果你能找到一株千年的野生人参，就真的是无价之宝了。

正是因为野生人参非常珍贵，人们对它的采集从来没有间断过。加之野生人参对自然条件的要求很高，不易存活，因此也就越来越少。现在，人参已经被列为国家一级保护濒临灭绝植物。

珍稀的八角莲

看名字，你是不是以为八角莲的花有 8 个角啊，那就错了！八角莲并不是以它的花命名的，而是从它的叶子而来。平时我们所见到的叶子里，有 5 个角的枫叶就已经很少见了，而八角莲的叶子居然有 8 个角。八角莲独特的叶子形状，也成为它的标志。

八角莲不像人参那样娇贵，它对生存环境的要求不高，所以在地球上的很多地方都能找到八角莲。

虽然分布较广，但八角莲却是零星散生。野生的八角莲是大自然的馈赠，被采挖后就再也没有了。如此下去，八角莲的分布范围就会越来越小，数量也越来越少，所以八角莲是珍稀的濒危植物。

找不到未来的藤蔓植物

日常生活中,我们看到的藤蔓植物并不少,只是我们忽略了它们,觉得藤蔓植物的种类不多。实际上,它们就隐藏在我们周围。

入药的巴戟天

如果你去中药房,一定能看到一味名为“巴戟天”的中药。巴戟天作为中药,用途非常广泛。平时我们看到的都是经过炮制的中药“巴戟天”,你有没有看到过巴戟天植物最初的样子呢?我这就带你去看一看!

▶巴戟天的真实面目

巴戟天是藤本植物,它的根肉质肥厚,呈圆柱形,外有皮层。这不起眼的皮层就是中药房里名贵的“巴戟天”了。

巴戟天的皮层越厚，药用价值越高。通常6年生的巴戟天根已经形成，到8年以上，皮层才会变得比较肥厚。巴戟天的叶子相对来说就不那么起眼了，它的叶子偏薄，上面有细小的绒毛，这就是巴戟天的真实面貌！

花开不谢的永瓣藤

永瓣藤是中国特有的一种植物，植株高6米以上，多攀缘于常绿或落叶阔叶林的林木之上。它的花瓣永不凋谢，这一独特的存在为本来就丰富多彩的植物界又增添了一份美丽。无奈，永瓣藤的分布只局限于皖赣接壤的狭长地带，在我国其他地区以至世界各地均未有新发现。

▶永不凋落的花瓣

花开花谢，花谢花开。美丽的事物总是停留得很短暂，就像昙花

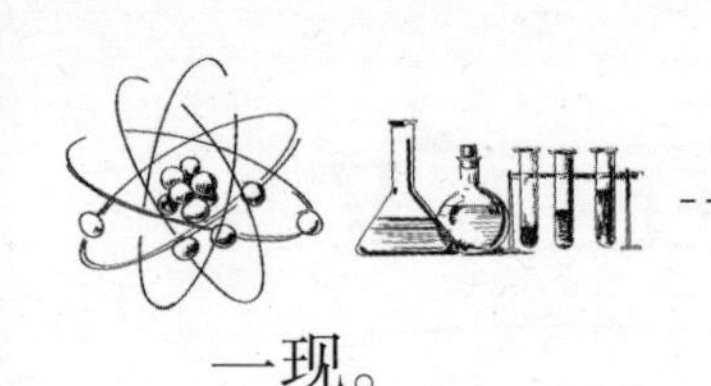

一现。

永瓣藤是独特的，就像它的名字一样，当果实长大了，花瓣仍然还在，并且永不凋落。这在植物界中颇为罕见，可谓一大奇观。

这么神奇的植物，国外很多地方都曾经想移植。可是由于永瓣藤的种子小、种皮坚硬、寿命很短，所以种子发芽率极低，甚至不发芽。正是永瓣藤种子的这种特性，决定了它在自然界中处于濒危状态。现在，永瓣藤已经被列为国家重点保护植物。

走投无路的灌木植物

灌木植物大都没有明显的主干，所以单株的灌木植物看起来很矮小，不太起眼。不过灌木植物大都是丛生的，它们共同生长在一片土地上，那也是很壮观的景象呢！然而这并没有阻止它们逐渐减少的趋势！

植物中的“大熊猫”——四合木

这一次，我带大家来到内蒙古的沙漠地区。这里有一种小灌木，人们称它为生物中的“活化石”、植物中的“大熊猫”，它就是四合木。它的生长期竟然长达 1 000 年！

四合木的分布范围非常狭窄，仅在中国的内蒙古地区有分布，散见于俄罗斯、乌克兰部分地区。现在，四合木已经被列为国家二级保护植物,内蒙古一级保护植物。

▶不起眼的植物

从外表上看,四合木是一种非常不起眼的植物:它“身高”不高,仅有40~80厘米,叶片很小,开出的花也不大。

不过你可不能小瞧它哦!虽然四合木外表“柔弱”,但是它的根系十分发达,生命力极其顽强。在缺水、高温的荒漠中,放眼望去,满目都是黄沙,很难有植物可以生存,唯有四合木傲然挺立,与风沙斗争。

你看,在荒凉的、满是沙砾的土地上,在炎炎烈日下,四合木簇拥在一起,郁郁葱葱、顽强不屈、生机勃勃,堪称奇迹。

▶名副其实的“油柴”

四合木还有个名字,叫“油柴”。当柴烧不稀奇,可是为什么称它为“油柴”呢?原来四合木的枝条里富含油脂,极易燃烧。

我们知道湿木头很难燃烧,但即使把很湿的四合木枝条投进

火中,也会立即蹿起蓝色的火苗,真不愧是“油柴”啊！如果你足够细心,还会发现四合木有着黑紫或棕红色的枝条,树皮比其他植物光滑,在阳光的照射下,还会反射出五彩的颜色。由此可见,四合木所含的油脂有多么丰富了。

夏日里盛开的蜡梅花——夏蜡梅

梅花

——(宋)王安石

墙角数枝梅,凌寒独自开。

遥知不是雪,为有暗香来。

这首诗歌颂了梅花不畏严寒,在寒冷的冬天傲然盛开。难道夏蜡梅不在冬天开花吗?

►蜡梅家族中的奇葩

夏蜡梅,顾名思义,就是夏天盛开的蜡梅。这在以冬日为花季的

蜡梅家族中简直就是奇葩。它又被称为牡丹木，多生长于海拔600~1 100米的山坡或溪谷中,花朵大而美丽,具有较高的观赏价值。

夏蜡梅夏季开花,花开时暗香扑鼻。珍贵的夏蜡梅次第开放的景象是最壮观的:洁白的花朵欺霜赛雪,金黄色的花蕊点缀其中,好似一只盛满金珠的玉碗,看起来冰清玉洁,雍容华贵。难怪很多国家都从中国引进夏蜡梅呢!

▶保护夏蜡梅

夏蜡梅是中国特有的珍稀野生花卉,已经被列为国家二级保护野生植物。夏蜡梅的分布区极为狭窄,加上森林砍伐严重,生态环境恶化,夏蜡梅已经越来越少了。

为了让我们和我们的后代能更长久地欣赏这一美丽的景色,请保护好夏蜡梅吧!

面临灭绝的蕨类植物

蕨类植物在植物家族中很不起眼。它们大多比较矮小,生长在不易让人注意的角落。即便如此,它们仍然以其特有的状态向世界宣告着自己的存在。

国宝植物——光叶蕨

光叶蕨是我国特有的一种植物,分布于我国四川地区。如果说大熊猫是国宝级动物,那么光叶蕨也不逊色,它被认为是国宝级植

物。

►光叶蕨现状

光叶蕨的野生种群分布数量极少,分布区非常狭窄。它们对于生存和繁衍条件要求苛刻,这使得光叶蕨的生命极其脆弱,很容易陷于濒危状态。

人类并没有真正重视这种植物,修建盘山公路和大量砍伐森林改变了光叶蕨的生存环境,本就稀少的植株已经陷于灭绝的境地,如果再不加以保护,它们就要从地球上消失了。

不畏严寒的玉龙蕨

玉龙蕨是我国特有的珍稀蕨类植物,它的生长地点与众不同,仅产于西藏东部波密,云南西北部丽江、中甸,四川西南部木里、稻城海拔4 000米以上的高山、冰川、穴洞、岩缝上。

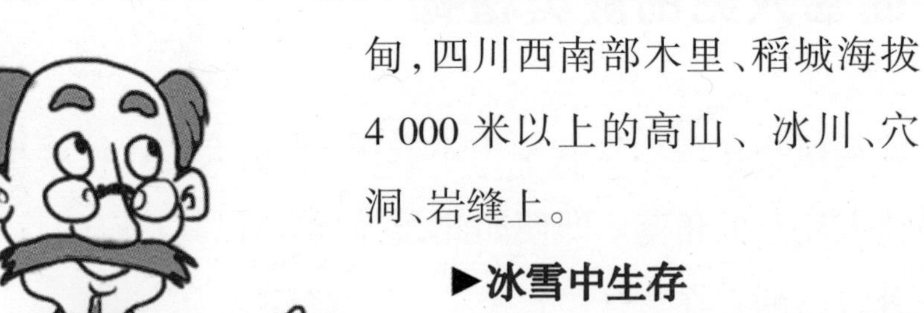

►冰雪中生存

我们知道,越是海拔高的地方,越是寒冷,气候条件越是恶劣，可以存活的生命就越少，而玉龙蕨就生活在高山冰川地带。

高山地带气温很低，风力强劲。玉龙蕨生长的地方常年处于冰雪覆盖和冰冻状态，仅有七、八两个月的短暂暖季。这个时期，在地表解冻后，碎石和缝隙间零星散生的玉龙蕨茁壮成长。这种不起眼的蕨类植物，在向世界展示它的存在。

蕨类植物之王——桫椤

地球上现存的蕨类植物大都是矮小的草本蕨类植物。桫椤也是蕨类植物中的一种，却和其他蕨类植物大不一样。它是一种长得很高大的蕨类植物，因此也叫“树蕨”，有“蕨类植物之王”的美誉。

►自成门派

这样的桫椤树自然显得极为珍贵。植物学家还专门为它设立了一个种类——木本蕨类植物。当然，桫椤是这个种类中唯一存活的成员了。

►恐龙时代的植物

桫椤的骄傲之处，就是它曾经和恐龙生活在同一个时代。

在 1.8 亿年前，桫椤曾是地球上最茂盛的植物，与恐龙同属“爬

行动物”时代的两大标志，更是一些“吃素”恐龙的主食。

1.8 亿年过去了，恐龙变成了化石，而桫椤树还在地球上顽强地存活着。

渐入绝境的乔木植物

有很多非常美丽的乔木植物，它们让大自然看起来更加雄伟壮观。但是有很多珍稀植物就快要灭绝了，我们即将失去更多让人赏心悦目的植物。

珙桐

早在 1 000 万年前，珙桐并不罕见，世界各地都有它的身影，但是随着时间的推移，它的数量越来越少。珙桐的成活率低，也很难移植，如果不加以保护，我们就再也看不到如此美丽的珙桐了。珙桐已经被列为国家一级重点保护野生植物。

▶珙桐为什么叫"中国鸽子树"

珙桐是一种植物,而鸽子是一种动物,这两种完全无关的事物怎么会联系在一起呢?这就要从珙桐的外形说起了。

珙桐树形优美,树态笔直端正,茂密的枝条向上倾斜,就像一个巨大的鸽子笼。

不仅如此,每年四、五月份是珙桐开花的时节。珙桐花由多数雄花和一朵两性花组成顶生头状花序,花色紫红,好像鸽头。珙桐的苞片起初呈青绿色,以后渐渐变成乳白色,就像鸽子的翅膀。

山风吹来,"鸽笼"摇荡,仿佛成千上万只白鸽躲在枝头,摆动着可爱的翅膀,振翅欲飞。这是多么美好的景象啊!

望天树

望天树是国家一级保护植物,它是我国在近年才发现的新物种。望天树的果实量少,而且落果很严重。望天树的种子还不易储藏,

嗨！你能听到我的声音吗？

容易丧失发芽能力。

▶擎天之树

从名字上就可以看出，望天树是一种很高很高的树，又叫擎天树。望天树到底有多高呢？它高40~60米，并且主干浑圆通直，树冠像一把巨伞。

▶阔叶乔木之最

更神奇的是，望天树从地面向上，直至30多米高处都笔直光滑，甚至连一个细小的分枝也没有。望天树不仅是热带雨林中最高的树木，也是我国最高大的阔叶乔木。

据说鸟儿在望天树树顶歌唱，人在树下听起来，就像苍蝇的嗡嗡声一样。这还得是听觉灵敏的人才能听到，有趣吧？

急需保护的常绿植物

在北方的冬天里，如果能看到一抹绿色，整个冬天就会变得特别美好，心情也会变得美丽！可是现在，常绿植物越来越少，如果不注意保护这些常绿植物，世界可能会变成只有钢筋水泥组成的一片灰色。

最珍稀的树种——银杉

银杉属于松科银杉属。这个属只此一种，而且仅为我国独有。银

杉和水杉、银杏一起被誉为植物界的“大熊猫”“活化石”。另外，它还有一个特别的名字，叫杉公子！

▶银色的叶子

银杉名字的由来，要从它的叶子说起。银杉的叶子表面看起来很普通，不过在它的叶背中脉两侧有两条粉白的气孔带。每当阳光照射过来，叶子便会闪闪发光。银杉的名字就是这样得来的。

身形高大的秃杉

说起秃杉你可能并不熟悉，但是你应该知道杉木。因为日常生活中很多木质家具都是由杉木制成的。杉树是我国有名的建材树种之一，我要再次提醒大家，不能因为人类自己的欲望，就随意砍伐树木，让已经越来越少的树种消失。

▶乔木中的“巨人”

秃杉属于常绿植物中的大乔木。在众多乔木中，它高大的身影与众不同。通常，秃杉树高可达 60 米，直径可达 2~3 米。但是这种植物生长缓慢，长至 40 米高时才会生枝，树冠之下高直而光秃。“秃杉”的名字就

是由此而来的。

▶“孪生兄弟”

值得一提的是,秃杉还有个“孪生兄弟”——台湾杉！它们长得很像,又分布在同一地区,称它们为“孪生兄弟”恰如其分。不过孪生兄弟也有不一样的地方:秃杉的叶子比台湾杉窄,球果的种鳞比台湾杉多一些。

原始的裸子植物——苏铁

苏铁科植物是地球上目前存在的最原始的裸子植物中的一种,被叫作“植物活化石”“植物界的大熊猫”,是我国重点保护野生植物。

▶铁树也能开花

人们时常用“千年铁树开花”或“铁树开花马长角”来比喻事情不可能实现。实际上,在热带地区,生长超过 10 年的苏铁经常开花,有些还可以年年开花。

这里我要特别提醒大家:苏铁的种子及茎顶部树心有毒,毒素主要是葫芦巴碱及少量的砷。人如果不小心误食,就会出现眩晕、呕吐、腹痛、腹泻等症状,情况严重的则会死亡。

▶攀枝花的骄傲

苏铁是四川省攀枝花市的宝贝与骄傲。在位于攀枝花市西区巴关河右岸的苏铁国家级自然保护区里,25 万株苏铁堪称世界一绝。很多中外游人都会到此来观赏。

攀枝花苏铁雌雄异株，且年年开花，为植物界一大奇观。其生长方式多样，有的在悬崖峭壁上茁壮成长，有的伏地生长，有的则在石缝间挤占生存空间。它们仿佛是一件件珍贵的活艺术品，给人以古朴的原始美和神秘感。当地人甚至还说："铁树那种坚贞不渝的精神，已经深刻影响了攀枝花人民，影响着中国人民。现在，铁树精神已经被称为民族的精神。"

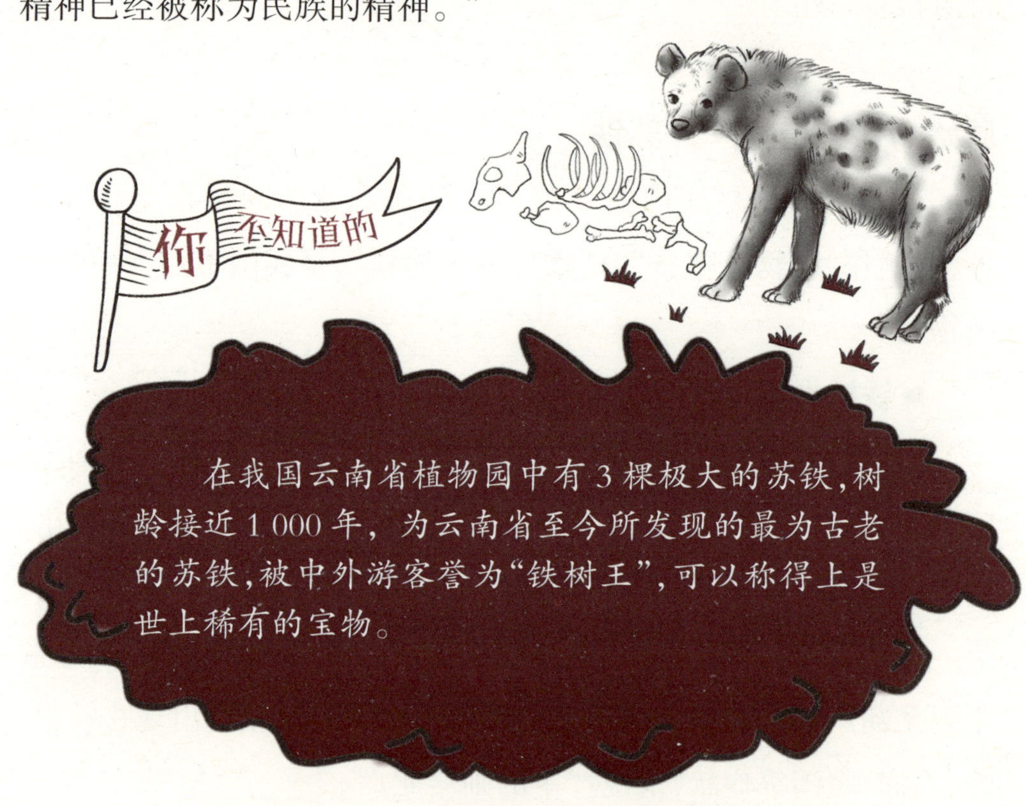

在我国云南省植物园中有3棵极大的苏铁，树龄接近1 000年，为云南省至今所发现的最为古老的苏铁，被中外游客誉为"铁树王"，可以称得上是世上稀有的宝物。

相关趣闻

桫椤谷

世界地质公园——桫椤谷公园,位于四川省自贡市荣县西南端48千米的金花乡境内。它紧邻乐山市犍为县,占地10平方千米,是古代造山运动形成的巨大漏斗形深谷。2008年,桫椤谷作为自贡世界地质公园荣县青龙山恐龙化石群遗迹园区的一部分,正式加入世界地质公园,成为世界级公园。

桫椤谷内有四方井、桫椤湖、银盘山、老深沟四大景区。它集桫椤、天然瀑布、湖泊、钟乳石、蕨类植物、原始丛林于一体,有"昔日恐龙粮仓,今朝桫椤氧吧"之美誉,俨然一座天然的植物乐园。

谷内现已开发出2万余株被列为国家八大一级保护植物之冠的桫椤。成片桫椤生长在幽谷之中,呈带状分布,植株一般高2~3米,最高的达6~7米。桫椤树形美观,叶如凤尾,有的独自成株,有的两三株合并生长,枝繁叶茂,遮天蔽日,形成壮美的景观。桫椤谷是我国迄今发现的桫椤分布最为密集、壮观的地区。

趣味指数:★★★★★

自己“走”的植物

植物在哪里生根发芽，哪里就是它的家，怎么还有植物会“离家出走”呢？

在美国东、西部地区，有一种叫苏醒树的植物就会偷偷“搬家”！

苏醒树的生长需要充足的水分，如果有一天，它的周围干旱缺水，苏醒树就要“走开”啦！它会把树根从地下“抽”出来，卷成一个球体，只要风轻轻一吹，它就跟着风慢慢“远行”了。

当苏醒树来到一个有水的地方，它马上就会把树根伸入泥土中，开始快乐的新生活。

世界上会“走”的植物可不止苏醒树一种，在南美洲秘鲁的沙漠地区，还有一种会“飘移”的仙人掌。

“飘移”仙人掌的根带着小刺，同样可以依靠风的吹动，向前移动很大一段路程。

看来植物想要“走”起来，都离不开风的帮助呢！

趣味指数：★★★★★

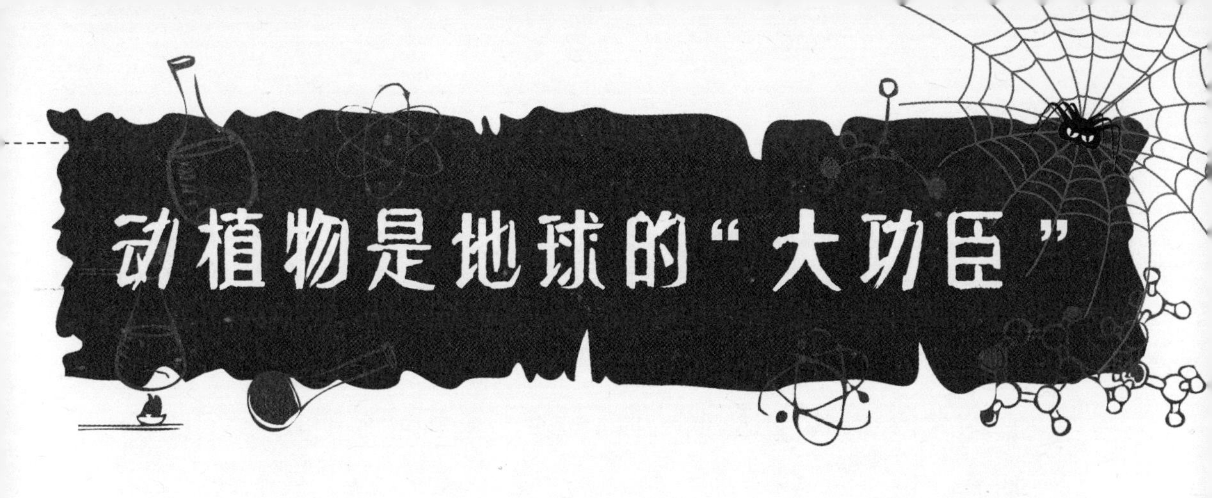

动植物是地球的“大功臣”

很多时候，我们对动植物的认识并不够深入，实际上，它们一直默默无闻地为地球做着自己的贡献，它们是地球的“大功臣”。

大草原的“清道夫”

在辽阔的大草原上，生活着很多动物，它们在那里纵情地奔跑、觅食。在那里，你会发现，草原如此自然、干净、舒适，其实这离不开大草原的“清道夫”哦！下面将要出场的两个“不起眼”的家伙，其实可是“大人物”。

凶悍的清道夫——鬣狗

鬣狗在草原上极为普通，它们有一个特殊嗜好——爱吃“残羹”，即吃其他动物吃剩下的食物。你们可不要小瞧它们，它们是草原上不可缺少的一分子。

▶**强悍的身体**

鬣狗的身体非常强悍，甚至不逊色于狮子和老虎。它的犬齿、裂齿发达，咬力强，是唯一一种能够嚼食骨头的哺乳动物。

▶**感觉器官灵敏**

鬣狗的感觉器官十分敏锐，尤其是听觉和嗅觉。它们可以听到许多高频的声音，对一些超声波也相当敏感。一旦闻到食物的味道，它们会迅速赶来；当危险来临时，它们也会迅速逃离。

▶**被误解的草原杀手**

长久以来，鬣狗被人们定义为“猥琐胆小、令人讨厌的家伙”“最丑陋、怪模怪样、蠢笨的贪食尸骨的动物”等，其实事实并不是这样。

这里要为鬣狗正名！鬣狗并不是只吃“剩饭”的，它们也会集体猎食斑马、角马等大中型食草动物，甚至可以杀死半吨重的非洲野水牛！

“高飞冠军”——秃鹫

在大草原上，人们经常会看到一种大鸟或盘旋于蓝天，或兀立于山丘，这就是大草原上的另一位“清道夫”——秃鹫。

▶秃鹫有大功劳

秃鹫有很强的飞行能力，能够飞得很高，是鸟类中的高飞冠军。不仅如此，它还有极强的视力，地面上的东西都逃不过它的眼睛呢！

草原上嗅不到腥气，见不到蛆虫，这都是秃鹫的功劳。因为秃鹫以动物的尸体和内脏为食，所以它们能及时、迅速地把大草原清理干净。

鱼苗的大作用

鱼苗，就是幼鱼，指刚孵化不久的鱼。别看我们平时吃的鱼大都很大，鱼苗可是非常小哦！刚孵化不久的鱼苗，一般体长6~9毫米。

拿出我们平时用的尺子，找到1厘米处，看看有多小，要知道那些鱼苗还不足1厘米呢！

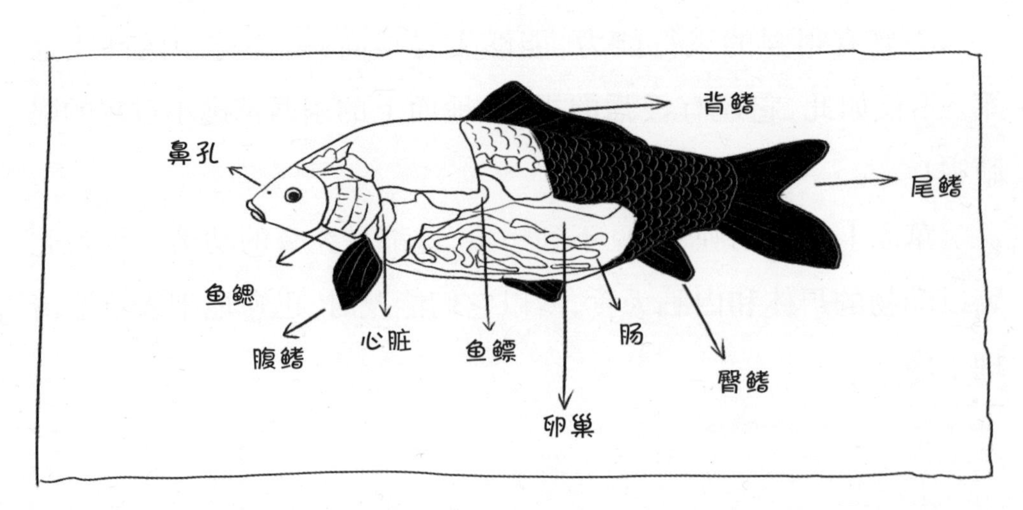

小鱼苗，大作用

不要因为鱼苗小，就小看它们哦！小鱼苗也有着巨大的作用。我们知道，如果河水里的杂草、各种浮游生物多了，那么整个河道便会很拥挤，变得脏、乱、差。

这时候，可以请小鱼苗来“帮忙”。一个鱼苗很小，无数鱼苗放到河水里，作用就大了呢！有的鱼负责吃杂草，有的鱼喜欢吃水藻，还有的鱼可以吃浮游生物……

另外，鱼苗还可以消化掉一些水中的有机质，使水的富营养物质固化，这样河水就会变得干净起来。

巨大的数量

小鱼苗之所以能发挥大作用，是因为其数量众多。这么多鱼苗是怎么来的呢？成年鱼产卵，卵会孵化出幼苗。仅一条 5 千克左右的雌鱼就能产卵 20 万 ~25 万粒，你就能想象该有多少鱼苗了。

另外，这些鱼苗的生长速度很快，很多鱼几个月就能从几克的幼鱼长成几千克的大鱼。这些鱼源源不断地丰富着餐桌，让我们天天、月月、年年有“鱼”。

被误解的昆虫

昆虫世界是一个巨大的王国，它们的种类与数量是所有生物当中最多的，地球上的许多地方都有昆虫的身影。

在人类眼中，昆虫可不是什么好东西。许多昆虫破坏庄稼，啃食绿叶，还有许多昆虫叮人、咬人的现象，比如蚊子、蜱虫等。所以在大多数人看来，昆虫就是传播疾病、破坏农田的罪魁祸首。

小昆虫，大作用

其实我们真的冤枉昆虫了，并不是所有

的昆虫都有害,甚至大部分昆虫对我们人类是极为有利的:

有些昆虫是天然的清道夫,如屎壳郎、粪金龟等,它们可以维持生态环境的平衡;

有些昆虫,如蜜蜂、蝴蝶等可以传播花粉,促进植物生长;

还有我们所熟知的蚕宝宝,它可以吐丝,这些丝可以制成漂亮的衣服、布匹等。

很多人误解了昆虫,不注意保护昆虫。甚至在有些国家,许多昆虫被制成营养大餐,供人们享用。还有一种更荒谬的说法:吃掉昆虫可以拯救地球。这完全是谬论!

平衡生态系统

事实上,吃掉昆虫不但不能拯救地球,反而可能会毁灭地球,这绝不是危言耸听!

昆虫是目前物种最丰富的生物类群,在维持生态系统功能稳定性方面非常重要。昆虫不仅种类多,它的进化史也非常长。

4 亿年的年龄让昆虫远超其他哺乳类和爬行类动物,并且可以说是它们前辈中的前辈了。

这么深的"资历",让昆虫与植物和其他生物类群的协同进化关系非常密切,已经到了彼此难以分开的地步。假如一种昆虫灭绝,有可能将有数种与之紧密相关的植物物种和其他物种灭绝。进而产生类似的连锁反应,别的植物或者动物的灭绝也会影响其他物种,进而影响整个地球的生态环境!所以说,"吃掉昆虫将会毁灭地球"一点也不为过!

人们把椿象称为“放屁虫”“臭大姐”，是因为椿象的身上会发出难闻的臭味，别的昆虫一触碰到它，就会沾满臭气，很久都散发不出去。你如果看见它，可要远离它哦！

相关趣闻

强大的屎壳郎

别看屎壳郎不起眼，还全身臭烘烘的，但它却非常强大。

如果按体重和负重比例来算，屎壳郎无疑是地球上最强大的昆虫了。实验发现，屎壳郎能拖动相当于其身体质量 1 141 倍的物体。换个说法，如果一个人要拉动比自己重 1 141 倍的物体，就相当于要拉动 6 辆满载的双层巴士。

屎壳郎不仅力气大，它的作用也非常大！屎壳郎可以清理动物的粪便，抑制其他以粪便为食的害虫以及减少温室气体的排放。据美国生物科学研究所的报告，屎壳郎每年为美国的养牛业节省了3.8 亿美元的粪便清理费用。

在澳大利亚，原有的屎壳郎品种只喜爱食用小粒的粪便，如袋鼠粪，而不喜欢食用外来的牛、羊的粪便。从 1965 年到 1985 年，澳大利亚联邦科学与工业研究组织开始实施“澳大利亚屎壳郎计划”，成功地从世界各地引进了 23 个品种的屎壳郎。这些屎壳郎改善了澳大利亚的牧场粪便堆积的问题，同时减少了约 90%的有害丛林飞蝇。

趣味指数：★★★★★

鬣狗也能吃掉狮子

鬣狗经常捡狮子吃剩下的食物,那么它们能吃掉狮子吗?你们可不要小瞧鬣狗,它们真的能吃掉狮子。

茫茫大草原上,生活着一群强大的狮子。有一头雄狮格外高大,它妄自尊大,不受大家的喜欢,也没有被推为狮王。每当狮群捕猎时,“怀才不遇”的它常常跑得远远的,自己捕猎自己享用。

在大草原上还生活着一群鬣狗,它们虽然很弱小,但是由于狮子不屑于捕捉它们,倒也十分安全,只是永远以狮子的残羹剩饭来维持生计,它们有些不甘心。

一次,狮群中那头最高大的狮子又独自去捕猎:“奇怪,周围怎么什么都没有了呢?”狮子正在诧异,早已注意它好久的鬣狗群悄悄地从后面包抄上来,吃掉了它。

狮子虽然强大,但它却忽略了这样一个生存法则:老虎再高大,也斗不过群狼。在茫茫的大草原上,这样残酷的生存竞争并非游戏,这里的动物们,每天都在不同程度地上演着猎杀的战争。不管是狮子,还是鬣狗,都不要自以为是,丧失警惕,否则就有可能成为其他动物的“口中餐”。

趣味指数:★★★★★

是什么把它们逼上了绝路

越来越多的物种即将灭绝，我们需要反思一下，为什么它们会灭绝，是什么把它们逼上了绝路呢？

没有买卖，就没有杀害

一组公益性的影视广告，里面有句广告词简洁而直击人心——没有买卖，就没有杀害。这句话说得太对了，人类如果没有欲望，没有残忍的交易，就不会有那么多动物被杀害。

千金难买的犀牛角

犀牛角，就是犀牛头上的角。市场上销售是以克为单位的，少则几百，多则上千，甚至上万元才能买到 1 克。正是这昂贵的犀牛角，让犀牛惨遭无妄之灾。

▶胆小的动物

犀牛的身体非常强壮，体形庞大，仅次于大象。你看它，粗笨的身体，短柱般的四肢，庞大的头部，全身还披着铠甲般的厚皮。

别看犀牛的身体这么庞大，它的胆子却小得可怜。它从来不会主动伤害别的动物，除非你真的惹到它，那你就惨了，犀牛会直接冲过去，用头上的角猛刺惹到它的人或其他动物。

犀牛虽然身体笨重，但却能以相当快的速度奔跑，短距离内能达到每小时 45 千米。连狮子都不敢招惹愤怒中的犀牛呢！

▶都是犀牛角惹的祸

在古代，人们就认为犀牛角是非常珍贵的药材。为了得到犀牛角，人们狂杀滥捕，锯下犀牛角，献给皇上或者对自己有用的人，为自己谋权谋财。人类如此疯狂的举动，让犀牛的身影越来越少见。

1922年以后,中国原有3种犀牛,包括大独角犀、小独角犀、双角犀,已全部在中国绝种。造成犀牛日益减少的原因,不只是人类的过度捕杀。由于人口增长,犀牛的栖息地也越来越小,而且人类活动造成犀牛的种群分离,导致一小部分犀牛群独自生活或近亲繁殖,使其基因弱化。

其实,早在20世纪80年代,我国已经放弃了用犀牛角入药的习惯,改用其他替代品。既然已经发现有同样功效的东西,为什么人类还要去屠杀那些可怜的动物呢?这难道不值得我们深思吗?我对此是既痛恨又无奈,有时候人类的行为真是缺乏理性啊!

珍贵的鹿茸

成年公鹿的头上有两个很大、很漂亮、像树枝一样的角,而还没有长成的小鹿的角,却是毛茸茸的。鹿茸指的就是这种还没有骨化而带茸毛的幼角。

►鹿的全身都是宝

鹿的全身都是宝,不仅有鹿茸,还有鹿角、鹿血、鹿脑、鹿尾、鹿肾、鹿筋、鹿肉……那么多宝贝,十个手指头都不够数的。

“匹夫无罪,怀璧其罪”,很不幸,鹿就是这样。本身可爱、温顺,甚至有点胆怯、娇羞的鹿,因为全身是宝而遭了殃。

人类为了自己的利益,滥捕滥杀那些可怜的鹿,鹿的数量越来越少。现在梅花鹿被列为国家一级保护动物,马鹿被列为国家二级保护动物。

▶**残忍的鹿茸采割场面**

鹿茸是一种非常珍贵的药材，在市场上可以卖到很高的价钱。为了赚取高额的利润，人们会猎杀鹿或者养鹿来采摘鹿茸。

每年的六、七月份，鹿茸已经长到足够大，但还没有角质化，此时便是采收鹿茸的好时间，同时也是鹿群开始“受刑”的时候。

采割鹿茸的场面非常血腥和残忍。“屠夫”会直接把鹿茸割下来，鹿血瞬间跟着涌出，这种场面让人不忍直视。但这并没有结束，鹿血也是上好的补品，人类会留下来直接饮用。

都是美丽皮毛惹的祸

上天是公平的，它给世界上的每一种生灵都赋予了独特之处。有的动物擅长奔跑，有的动物很有力量，有的动物的皮毛则非常漂亮……人类将动物的优点利用得非常充分，比如动物的美丽皮毛。人类会把它制成漂亮的衣服穿在身上，还会做成展览品和收藏品等。其实这也是人类的一种罪行！

雍容华贵的貂皮

东北有三宝，貂皮就是其中之一。貂皮还是所有动物皮毛中最理想的裘皮制品，有“裘中之王”之称。

►黄金貂皮

“风吹皮毛毛更暖，雪落皮毛雪自消，雨落皮毛毛不湿”，说的就是貂皮。用貂皮制成的皮草服装雍容华贵，价值很高。

貂皮中有一种紫貂皮，从字面就能看出，它是用紫貂的皮制成的。紫貂皮是貂皮中的“贵族”，产量极少，所以市面上的价格很高。

在电视上，你会看到很多贵妇名媛都穿着貂皮，以此来显示自己身份的高贵。不知她们有没有想过，她们身上穿着的名贵貂皮，是从貂的身上血淋淋地扒下来的！

▶越见稀少的貂

为了获取貂皮，人类大量猎杀貂，使貂的数量越来越少。

海貂是貂的一种，它生活在海中，拥有最为尊贵的皮毛，也因此被大量猎杀。现在，加拿大和新英格兰已经看不到海貂了，北美洲的海貂也已经彻底灭绝。

其实貂的价值不仅仅是因为它的皮毛，而是因为它本身是自然赋予的珍贵的生命。我也经常说：“任何一个生命都独一无二，都是非常珍贵的。人类不可以因为自己的欲望和利益而伤及其他生命，这是对生命最大的亵渎。”

老虎屁股也敢摸

说起老虎，我们并不陌生。老虎是森林之王，其他动物都不敢招惹它。“老虎的屁股摸不得”，也从另一方面表明了老虎的威严。如此凶猛的老虎，却也在人类的屠杀下，数量日益减少。

▶虎皮情结

《武松打虎》的故事，大家一定非常熟悉。当众人得知武松打死了凶猛的老虎后，纷纷称赞他是一个大英雄。能打死老虎，在某方面也表明一个人的力量很强大。

在古代，很多猎人打死老虎后，会把虎皮剥下来，整理好后挂在自己家里，向别人炫耀自己的战绩：你看，我能打死老虎，我多么厉害！

▶天价老虎皮

不管是在古代，还是在今天，老虎皮的价格一直居高不下。能拥有一张老虎皮，尤其是整张老虎皮，是身份和地位的象征。

整张老虎皮非常难得：老虎的头、尾、耳、须、四肢等部位都要

齐全，虎皮上不能有破洞。这就需要在射杀老虎的时候不能伤及任何皮毛，只能把弓箭对准老虎的眼睛。同时，还要无时无刻不担心自己很可能会被老虎伤到，失去性命。

如此看来，整张老虎皮非常难得，所以就是天价了，甚至可以与别墅、豪车相提并论。

盘中美味——那些被人类吃掉的物种

人类一向热爱美食，进入人类腹中的物种不在少数呢！

“血淋淋”的鱼翅

还记得那个拒绝吃鱼翅的宣传片吗？一位体育名人以自己的实际行动呼吁大家不要吃鱼翅。你吃进的每一口鱼翅，都会让鲨鱼付出血淋淋的代价。

►昂贵的鱼翅

鲨鱼是海中的霸王，在大海里所向无敌。但就是这样厉害的动物，也成了人们餐桌上的食物。没错，我们平时所说的鱼翅，就是鲨鱼鳍中的细丝状软骨。

如此巨大的一条鲨鱼，身上的鱼翅却并没有多少，因此鱼翅的价格也就非常昂贵。很多人吃鱼翅的动机其实是为了显示个人品位或身份，这实际上是对生命的一种不尊重与不负责任。

你知道吗？为了满足一些人的口腹之欲，全球每年要捕杀 1 亿条鲨鱼，这是多么惊人的数字啊！

▶鱼翅的功效真有那么神奇吗

人们在吃鱼翅的同时，也在为自己找借口，说鱼翅营养有多么丰富，效果多么神奇。实际上，已经有科学研究表明，鱼翅含 80%左右的蛋白质，还含有脂肪、糖类及其他矿物质。这样的营养价值和我们平时食用的食物相比，并没有高出多少。

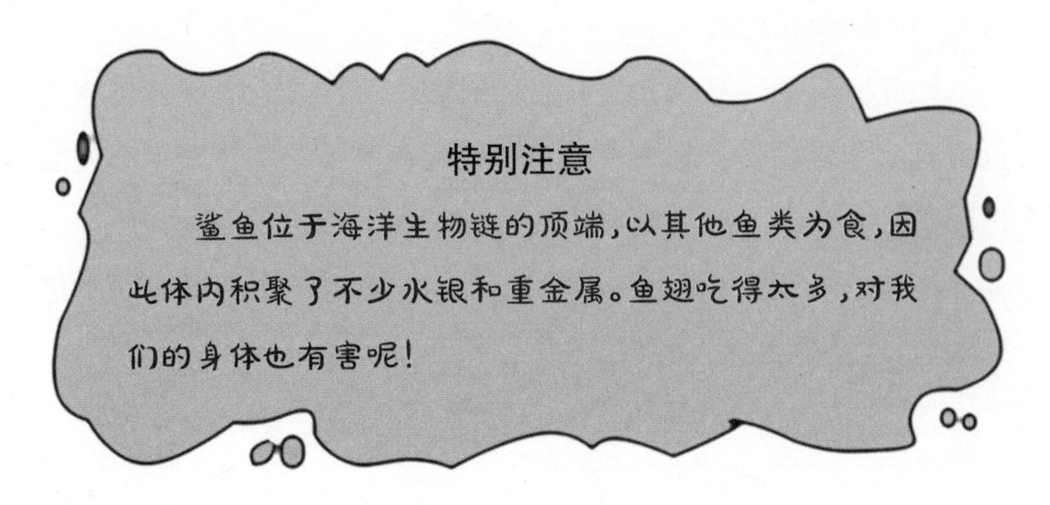

燕窝——鸟窝也能吃吗

提到山珍海味，当属燕窝、鱼翅、熊掌和猴头。燕窝也是世界上唯一能吃的鸟窝了，素有“稀世名药”“东方珍品”的美称。燕窝采摘后并不能直接食用，需要经过深加工才可以食用。

▶燕窝是怎样产生的

燕窝，也就是燕子的窝。这可不是我们平时看到的燕子窝哦！

这个“燕”说的是金丝燕。金丝燕的燕窝非常特别，那是因为它是由金丝燕喉部的黏液腺分泌出的黏胶性唾液制成的。燕窝的形状呈半圆形，像一个碗碟。

金丝燕为了保护自己的“家”，通常把窝建在陡峭的石壁上，以避免人们轻易摘掉。可是不管金丝燕把自己的窝建得多么隐蔽，多么难找，依旧无法逃脱被摘去的命运。窝被摘掉后，金丝燕就要重新筑巢。

▶金丝燕的三次筑巢

金丝燕每年筑巢三次，第一次筑巢完全是靠它们喉部分泌出来的大量黏液逐渐凝结而成，所以质地纯洁，颜色雪白，一点杂质也没有。这种燕窝的质量最好，是燕窝中的上品，也是人们争相花高价抢购的燕窝。

第一次建的燕窝被人类摘取，金丝燕只好第二次筑巢。但是这次，金丝燕已经没有那么多唾液了，只得把身体上的绒毛啄下，和着唾液黏结而成。这种燕窝的质量次之。

结果呢，第二次筑的窝还是被人类采走了。金丝燕来不及休

息，不得不第三次筑巢。这次就更为困难了，因为时间紧迫，体力和唾液未能得到充分补充，金丝燕的体力消耗极大，唾液不足，身上的绒毛也不多了。但是顽强的金丝燕毫不气馁，它们飞到海边，一口口衔来海藻和其他植物纤维，混以少量的唾液，再一次把窝筑成。这种窝的质量很差，连采窝人都适可而止了。

▶"血燕"是真是假

很多年以来，燕窝一直被认为是高档的滋补品，尤其是"血燕"，价格昂贵，更是"珍品中的珍品"。不良商家宣称这种

“血燕”是因其未筑成鸟巢就忍不住产卵，最后吐血而成。其实这都是子虚乌有。

真正的“血燕”是因为金丝燕的食物包含海藻类物质，因此其唾液中含有杂质，呈红色。还有一种说法，即金丝燕将巢筑于山洞的岩壁上，岩壁内部的矿物质透过岩壁与燕窝的接触面，慢慢地渗透到燕窝中，其中铁元素占多数时，燕窝便呈现出不规则的、染状的铁锈红色。我们将此称之为“血燕”。

何苦吃熊掌

熊掌，古人称为熊蹯，是黑熊、棕熊的脚掌，为我国吉林长白山地区特产。古人将熊掌列为“八珍”之一，认为熊之美在其掌。皇帝还会设熊席，而熊席则都以食熊掌为中心，吃熊掌因此也成为权势的象征。

►惨遭杀戮，只为取熊掌

我们经常看到类似的新闻：

某地查获173只熊掌。这些熊掌，多数连掌带腿长约30厘米，其中最重的一只达4千克，轻的只有1千克左右。

这样的消息让人感到震惊，173只熊掌就意味着有40多只熊遭到屠杀。

据说熊掌的右前掌价格最贵，甚至可以卖到三四千元一只。这样高额的定价，让贩卖野生动物的人有了获取暴利的机会。他们为了高额的利润，不惜泯灭人性，知法犯法，杀害无辜的熊，只为取得熊掌。

▶为何和熊过不去

有些人抱着猎奇、炫富和滋补的心理吃熊掌。很多餐饮界人士和营养专家都表示，熊掌富含脂肪、蛋白质等，营养成分其实和猪蹄也差不了多少。熊掌的味道也跟肥猪肉差不多。

滋补的方法有很多种，何苦和这些无辜的熊，和国家法律过不去呢？熊掌绝不应再出现在中国人的餐桌上。

相关趣闻

外表凶狠、内在温和的熊

熊在我们心目中是一种很凶狠的动物，它们体形庞大，力气惊人，一个熊掌就能把人活活拍死。

实际上，熊并不像它表面上看起来那么凶恶，甚至在马戏团或动物园中，熊还是相当受人喜爱的动物呢！熊一般都是很温和的，通常不主动攻击人或其他动物，但当它们认为必须保护自己或者自己的幼崽、食物、地盘时，就会变得非常危险、可怕。它们容易暴怒，打斗起来非常凶猛。

熊和很多食肉的凶猛动物不一样。大多数熊的食性很杂，既食青草、嫩枝芽、苔藓、浆果和坚果，也到溪边捕捉蛙、蟹和鱼，掘食鼠类，掏取鸟蛋，更喜欢舔食蚂蚁，盗取蜂蜜，甚至袭击小型鹿、羊或觅食腐尸。

另外，“熊”只是一个总称。熊科是个大家族，可分为五属：大熊猫属、懒熊属、眼镜熊属、马来熊属、熊属。

很多种类的熊和我们印象中的熊不一样，它们的体形并不大，对人也没有任何威胁，甚至愿意和人类相处。这样的熊，是不是也没有那么可怕了啊？

趣味指数：★★★★

犀牛和犀牛鸟

犀牛的身体庞大，四肢粗壮。它的皮肤坚硬，却有许多皱褶，皱褶之间的肉非常娇嫩，神经、血管密布其间。犀牛喜欢在水泽泥沼中生活，时间久了，皱褶里就会钻进各种寄生虫叮咬它的皮肤，疼痒难忍。别看犀牛连最凶猛的野兽都能对付，然而对这些讨厌的小虫，却一点办法也没有，它只得求助于它的朋友——犀牛鸟。

犀牛鸟专食犀牛皮肤皱褶里的寄生虫，是犀牛的“私人医生”。它们会飞到犀牛身上，甚至有的还会飞到犀牛嘴边。它们在犀牛皮肤的皱褶里啄来啄去，把那些搅得犀牛又痒又痛的寄生虫和血吸虫通通吃进肚子里。

不仅如此，还会有一只犀牛鸟专门飞到犀牛的头上，为它站岗放哨。因为犀牛的视力很不好，听觉也不灵敏，每当发现险情时，犀牛鸟就会向犀牛发出警报，所以犀牛鸟是犀牛的“警卫员”。

趣味指数：★★★★★

物种灭绝引发大危害

我们都知道，在农田里种下什么，就会收获什么，大自然也是这样。如果我们好好保护大自然，大自然也会给予我们更多的馈赠。如果我们只知道不断地向大自然索取，而不懂得付出，那么将会有越来越多的物种走向灭绝。而物种灭绝引发的大危害，也是需要我们来承受的。

看，环境在悄然变化

每一天，每一月，每一年，我们可能不一定会察觉到环境的细微变化，但是仔细回想就不难发现，我们周围的环境已经在悄悄地发生着改变……

还我蓝天、绿水、白云

我们父辈的童年应该是在蓝天白云下，青山绿水旁，听着鸟语，闻着花草的清香中度过的。可是现如今，环境破坏日益严重，在许多地方，这些曾经美好的事物越来越少见了……

细心的你会发现，电视上、网络上经常会报道，在某一地区，环境污染严重，甚至雾霾袭城，原本清澈的河水也不再澄澈透明，甚至还散发出一种怪味。想看一看湛蓝的天空和洁白的云朵，竟也变成了奢侈的事情。

看吧，越来越多的绿色植物从地球上消失了，还有更多的植物正在被人们砍伐、破坏。这些植物是大自然的"净化器"，是地球的天然"氧吧"。没有它们，地球无法得以净化，俨然成为一个大型的"垃圾场"。

我对此真是感到痛心疾首。每一种植物都有其存在的价值，它们默默地守护着我们的地球家园。我们只能怪自己，因为今天所发生的一切，都是我们不珍惜生物的后果！

越发诡异的气候

"六月的天，娃娃的脸，说变就变。"现在的天气，别说是六月了，一年四季都是说变就变。一会儿高温、高强紫外线，一会儿低温、重霾，一会儿几个月都不下雨，一会儿又多地

连降暴雨……

引起气候变化的最主要原因是植物越来越少。植物就像地球的头发,可以起到缓解气候极端变化的作用,可是人类不注意保护植物,甚至有意破坏植物,很多植物物种越来越少,甚至灭绝。天气也变得越来越无常了!

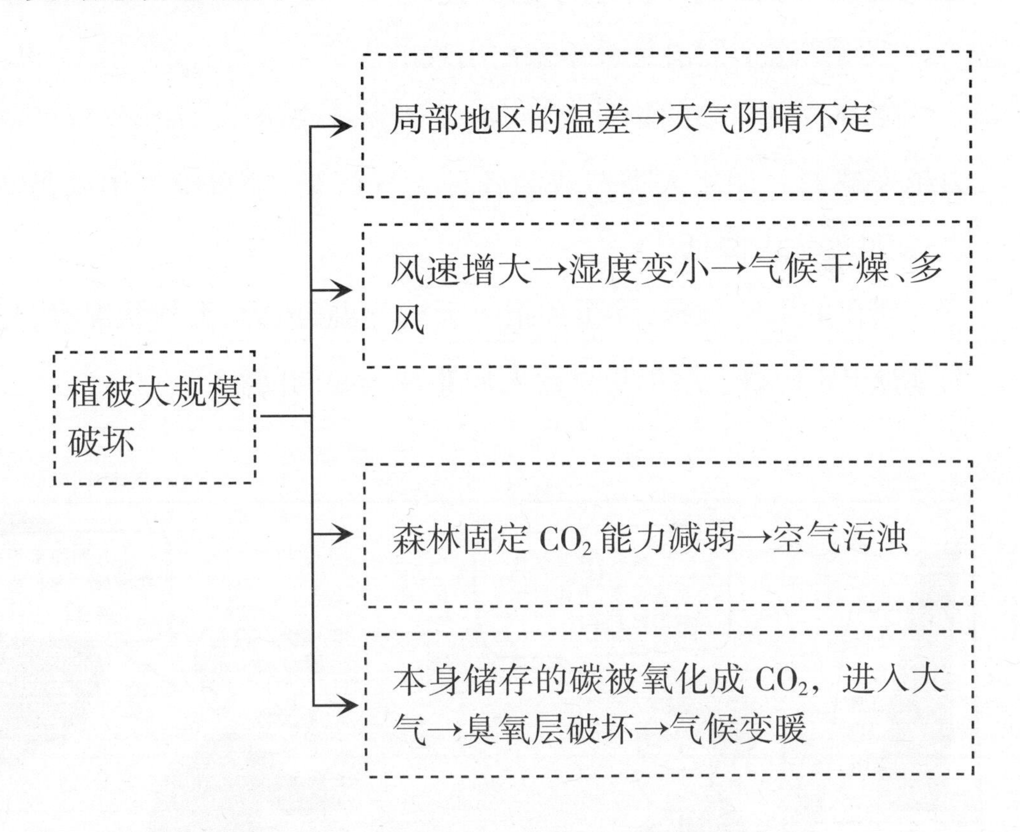

植被破坏导致气候变化示意图

灾害频发

你一定听说过关于"逃离地球"的计划吧！地球已经被破坏得千疮百孔,人类想寻找更为适合人类生活的星球,作为新的居住

地。的确，地球上的灾害越来越多，也越来越严重，人们的生活也遭遇了各种困难。难道我们就真的忍心抛弃祖辈一直居住的地球吗？

拒绝雾霾，还我们一片明净的天空

“雾霾”这个词语是近年来才出现的。

随着越来越多的物种灭绝，地表植物越来越少，净化空气的能力越来越差。加之人类造成的各种大气污染，使得空气中满是灰尘，能见度大大降低。

现在的天气预报，除了预报每天的气温、风力、天气状况等，还会预报PM指数。这也是目前人们非常关心的问题。

雾霾天气时，我们出门都要戴上口罩，以防大量吸入雾霾颗粒物，影响身体健康。假如长久处于雾霾天气，人类的寿命将会大大缩

短。现在国家正拿出大笔资金治理雾霾,我们真心希望雾霾早日远离我们。

旱涝两重天

很多人认为物种灭绝没什么大不了,殊不知,这直接影响我们周围的生活,影响气候变化。

当更多的树木被砍伐,地面植被也越来越少,假如洪水来临,便没有了任何阻拦,变得肆无忌惮。水位迅速上涨,淹没了无数良田和房屋,夺走了无数人的家园。世界上又多了一些无家可归的人。

在干旱的季节里，有蓄水作用的植被、树木早就被人类破坏了。地下水水位低到不能再低,干涸的大地裂出无数缝隙,它们在呼唤、盼望着水源。地面上的植物干渴得快要死了,连人类的饮水问题都面临考验。

旱涝两重天,这是多么残酷的情形啊！我们是不是该反思一下自己所犯的错误呢?

物种多样性降低

很多人都看过电影《黑客帝国》,其中有这样一个片段。特工史密斯对一个人说:“你知道吗？我发现人类不能算哺乳动物,因为每种哺乳动物都能和周边的环境和平相处,而人类能做的就是不停地破坏和索取,唯一能生存下去的办法就是换一个地方再次破坏和索取。跟你们最像的地球生物是病毒。”

对此,我们不得不感到羞愧,因为我们就像令人讨厌的病毒一样,使很多物种灭绝。同时,物种多样性的降低也破坏了人类的生存环境。

被破坏的生物链条

自然界的物种多种多样,而每一种物种间都是相互关联的,并且这种联系非常密切。这就形成了健康的生物链。

物种灭绝,意味着生物链缺失了某个环节,这会引起整个生物链的毁灭。你可能觉得这是危言耸听,地球都存在上亿年了,这种毁灭也不是短时间就会出现的啊！但是如果有越来越多的物种灭绝,量变就会产生质变,那个时候,想要挽回是永远也不可能了!

是生存,还是毁灭？我们是不是要好好思考一下这个问题,是不是也应该从保护每一个物种开始呢?

克隆不是万能的

前些年,出现了“克隆”一词,于是多利羊火了,人类疯狂了,但是并不是任何生物都可以克隆哦!

假如你不屑于保护那些濒临灭绝的物种,希望通过“克隆”的

方式让那些灭绝的物种再生，那你就大错特错了。

目前，恐龙的复活只存在于电影《侏罗纪公园》里，我们的克隆技术还远没有达到电影《逃出克隆岛》的水平。

还有一些对人类非常重要的物种，它们可以延长人类的寿命。比如蛇的毒液是治疗很多疾病的良药，而以目前的科学水平，根本无法复制。再比如鲨鱼，它们从不患癌症，人类在未来是否能利用鲨鱼的这种特性造福自己，这需要画一个大大的问号！假如这些物种都灭绝了，那么人类自身也将少了更多生存的机会。

我们不要想着走捷径，不要想着物种灭绝还可以挽回。摔碎的瓶子粘补得再完美，也不再是原来的瓶子了。

不仅有克隆羊，还有克隆人呢！目前，已有3个国外组织正式宣布他们将进行克隆人的实验。美国肯塔基大学的扎沃斯教授正在与一位名叫安提诺利的意大利专家合作，计划在两年内克隆出一个人来。由于克隆人可能带来复杂的后果，一些生物技术发达的国家，现在大都对此采取明令禁止或者严加限制的态度。

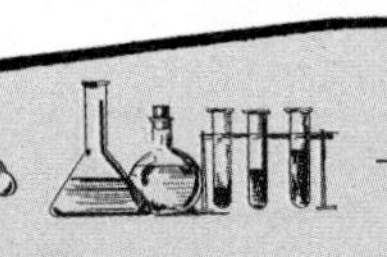

相关趣闻

假如蚊子灭绝

蚊子是如此讨厌，尤其到了夏天，蚊子的数量更是达到一个季节性的高峰，它们的口器深深扎入人们的血肉中。很多人会说：“如果蚊子灭绝了，那该有多好啊！”

假如蚊子灭绝，世界将是什么样呢？

如果蚊子全部消失，受影响最大的区域可能是北极冻原。这里居住的蚊子很多，有昆虫学家说：“世界上没有任何一个地方，生物的数量可以如此庞大。”

如果没有蚊子作为食物，在冻原筑巢的候鸟数量将会减少50%以上。

蚊子平均每天从每只驯鹿上吸取高达300毫升的血液，因而鹿群会选择迎风的路线来逃离蚊群。假如蚊子灭绝了，当驯鹿群在北极的山谷中迁移时，路线就会发生变化，它们践踏草地、啃食地衣、输送营养物质，甚至还会被狼群吃掉，这些最终会改变沿途的生态环境。如果将这些因素都考虑进来，蚊子的消失对北极地区会有相当大的影响。

不仅在极地，蚊子在其他地区的作用也很大。

蚊子是“空中美食”，很多生物都以它们为食，比如数百种鱼类，还有很多昆虫和鸟类等。假如蚊子灭绝了，这些生物都没有了食物，它们甚至会灭绝，会影响整个食物链，进而影响整个生态环境。

别看蚊子小，甚至有些讨厌，但是它们的作用也是不可忽视的。

（注：冻原，意思是“无树的平原”。冻原又叫苔原，主要指北极圈内以及温带、寒温带的高山树木线以上的一种以苔藓、地衣、多年生草类和耐寒小灌木构成的植被带。）

趣味指数：★★★★★

克隆羊“多利”的故事

所谓克隆羊，就是通过无性繁殖方式繁殖的绵羊。它没有父亲，即不需要精子的参与，便可克隆出一只与提供体细胞核的母羊一模一样的绵羊。

1996年7月，英国科学家伊恩·威尔穆特克隆出的第一只绵羊“多利”，在苏格兰的罗斯林研究所诞生了，它是动物克隆技术的产物。它的诞生曾震惊了整个世界，但是在2003年2月14日，它却因肺部感染而被实施了安乐死。

趣味指数：★★★★

目前，通过各种形式的宣传，如传媒方式、明星效应、公益组织等，人类已经意识到动物、植物面临的困境。我们都要尽自己所能，为保护生物做一份贡献。

努力拯救濒临灭绝的生灵

对于挽救濒临灭绝的生灵，我们每个人都能贡献出自己的一份力量。贡献不在大小，只要去做，点点滴滴汇聚起来，就会形成一股巨大的力量。

从小处做起，从我做起

很多人疑惑，有联合国，有红十字会……总之，有那么多组织，有那么多经常出现在电视上的公众人物在为拯救濒危生物而努力，我们这些普通人能为濒临灭绝的生灵做些什么呢？殊不知，我们身边的很多人都在为保护生物默默地做着一些力所能及的事情。有的同学在学校创办了“保护动物协会”，并且定期举办活动。动物协会的活动内容非常丰富，有时通过海报宣传，有时会派发关于动物资料的传单，有时还会让参与者加入到有趣的小游戏中。正是这些小小的、丰富多样的活动，吸引了更多人加入到保护动植物的队伍当中，为保护濒临灭绝的生物贡献出自己的一份力量。

公益的力量

我们在电视上、地铁上、公交车上，都曾经看到过关于保护动物的广告或者海报。我们最为熟悉的公众人物以自己的影响力来影响着人们，告诉人们“没有买卖，就没有杀害”，并从自我做起，为保护濒临灭绝的生灵做出一份贡献。

还有一个以可爱的大熊猫为标志的WWF，也就是“世界自然基金会”，它也同样致力于保护世界生物多样性以及生物的生存环境。

还有很多公益组织、公众人物，甚至很多无名人士，他们都为

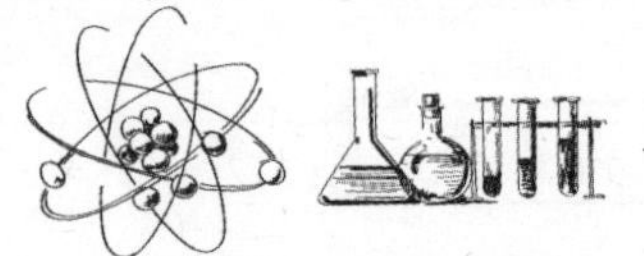

保护生物多样性而努力着。我也希望更多的有识之士加入进来，行动起来，为拯救濒临灭绝的生灵而努力。

观念的改变

人类一直以大自然的主人自居，但是随着物种灭绝的种类越来越多，人类尝到了自酿的苦果。人们开始从观念上改变对生物的态度。

为藏羚羊开辟生命通道

有一条去西藏旅行的经典路线，就是有"雪域天路"之称的青藏铁路。当时修建这条铁路的时候，正是藏羚羊迁徙、产仔的时节。为了保护藏羚羊，给它们留一条生命通道，政府忍痛以每天

损失几十万、上百万的代价，暂停了一切工程，给藏羚羊留一片宁静的天地。

我非常赞同这一做法，因为金钱的损失并不重要，而生命是无法挽回的，生命才是最重要的。

为小鸟下跪

小鸟那么不起眼，为什么要为小鸟下跪呢？你一定很疑惑。这是一个真实的故事。

在澳大利亚举行的网球公开赛上，比赛正在激烈地进行着，一只小鸟突然飞进赛场，不幸被网球击中，落地而死。击中小鸟的运动员顿时神情沮丧，他立即终止了比赛，毫不犹豫地来到小鸟面前，虔诚地向它下跪。球场的观众目睹此情此景，无不为这位网球运动员的高尚行为而感动。

小鸟虽小，却代表着一个生命。如果我们能珍视这样一个小小的生命，才能更加珍视别的生物，从而保护它们，让物种不再灭绝。

如何与动物朋友和平相处

人和动物没有共同语言，无法互相理解，又怎么可以和平相处呢？其实，人和动物的相处比你想象的要容易很多，只要你做到最重要的两点。

人类与动物是平等的

人类也是动物的一种，所有生物都是平等的。

有的人不把动物当作生命，肆意地玩弄它们，伤害它们，甚至让它们失去生命。最近新闻上经常有虐杀动物的报道，手段非常残忍，让人触目惊心。这样的人简直是丧心病狂，已经丢

失了做人最起码的同情心、怜悯心。

我们要学会与动物和平相处，摆正态度，把动物看成是与人类平等的生命。

人与动物相处也需要感情付出

生命是有感情的，不论是动物，还是植物。

如果每天给植物播放音乐，和植物对话，这样的植物会比其他植物要生长得好。

动物的感知能力比植物更强，它们能敏感地觉察到你对它们是善意的还是恶意的。如果你是恶意的，它们会远离你，甚至也会对你恶意相向。如果你是善意的，它们也会对你释放出友善。

人类与某种非常凶猛的肉食动物，如狮子、老虎等和平相处，这都是真实存在的事情。只有人对动物同样付出感情，才能建立物种之外的友谊。

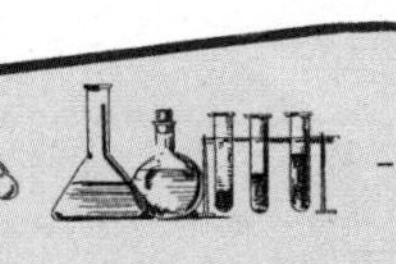

相关趣闻

独臂猎人与熊

这是一个发生在俄罗斯的真实故事。

在一个寒冷的冬天，猎人带着自己唯一的儿子去山上打猎，没想到儿子却误喝了掺有某种动物尿液的水，而后腹泻、发烧不止。没办法，猎人只好带着儿子住在山上，准备等他的身体好些了再离开。

眼看着口粮越来越少，猎人决定打猎给病中的孩子充饥，否则他们都将饿死在山中。

猎人带着猎枪和刀往外走，没走几步就看到一只小熊。猎人悄悄地走近小熊，准备击毙它，可是小熊却警觉地叫起来，一只母熊从小熊身后走了过来。

在这种情况下，猎人是没有把握一枪击毙母熊的。如果贸然开枪，不仅会激怒母熊，甚至他和儿子的性命都将受到威胁。而此时，猎人手里的猎枪也成了母熊的威胁，就这样，猎人和孩子，母熊和熊宝宝就这么对峙着、僵持着。

猎人知道，再这样继续僵持下去也不是办法。他的儿子身体极度虚弱，需要吃东西，而熊宝宝也很饿，母熊也会随时冒险来咬死他们。猎人做出了一个大胆的决定，他把猎枪狠狠地扔到了山下。母熊看到猎人的举动，知道他没有再杀熊宝宝的恶意，也用身体向猎人表示自己不会伤害他的孩子。

猎人被母熊的行为感动了，他用猎刀忍痛将自己的左臂割下，扔向熊宝宝。母熊流泪了，它看到自己的孩子能平安地度过这个冬天，它选择以死来给猎人和孩子充饥，只见它猛地冲向悬崖……

猎人在山谷中找到了死去的母熊，他割下一块熊肉，烤熟后给自己的孩子吃下去，又在山下捉了些鱼回来喂熊宝宝。

为了纪念这只母熊，猎人把它的头完完整整地做成标本挂在墙上。每到吃饭的时候，他就会准备一碗饭放在熊头旁边，喝酒的时候也会给它倒上一杯酒，他要永远记住这位伟大的熊妈妈。

趣味指数：★★★★

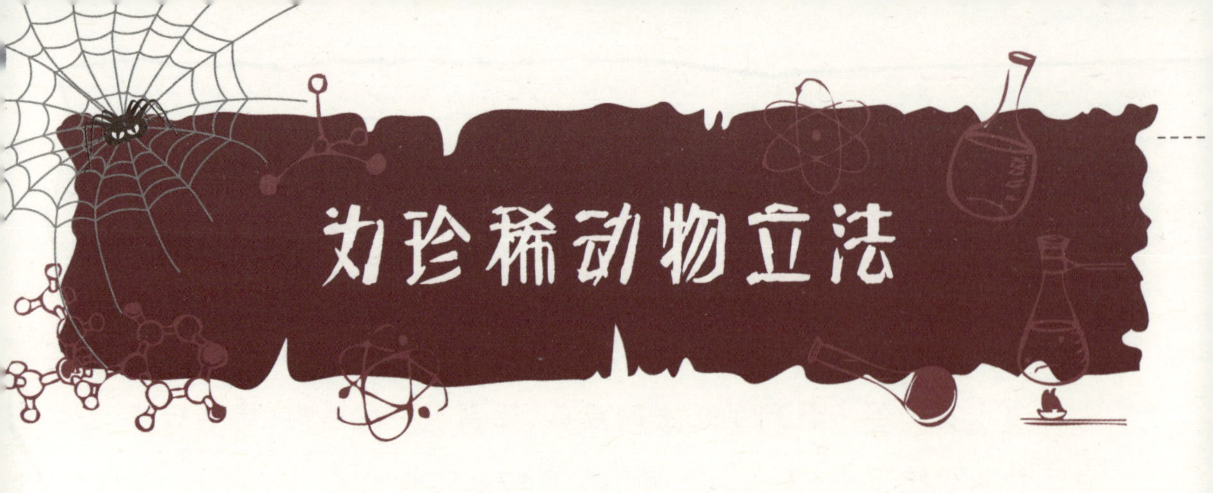

为珍稀动物立法

俗话说："不以规矩，不成方圆。"立法，是保护珍稀动物的一种方式。通过法律的约束与制裁，会有效控制不法分子非法捕杀珍稀动物的行为，减缓珍稀动物锐减的速度，同时也会为人们敲响警钟，加深人们保护珍稀动物的意识。而那些肆意捕杀、毫无怜悯之心的偷猎者，必将自食恶果，受到法律的严惩！

为什么要立法

法律是约束人类不良行为的重要工具。小的时候，不管是父母还是老师，都教育我们要做个遵纪守法的好孩子。凡事有法可依，依法行事，我们才能在自己的人生中少走弯路，少走错路。

动物不断被伤害

有一部热映的迪士尼动画电影，叫《疯狂动物城》。这部动画电影以人类的视角构建了一个动物大都市：柔弱的兔子可以当警察，狡黠的狐狸也能做良民,温顺的绵羊反倒成了幕后黑手。这种挑战人类习惯认知的剧情设计,实际上传递了一种反歧视的权利观:动物和人类一样,没有三六九等,它们也需要被尊重、被保护,每一个动物个体都有被平等对待的权利。

影片里的动物形象足以引发人类的反思:我们应该如何看待动物?我们应该如何对待动物?在这个由人类主宰的世界里,动物难道仅仅只是被宰割的对象? 近年来,虐待、残害动物的事件频繁发生,如虐猫、虐狗、活取熊胆、硫酸泼熊等,这些事件都严厉地拷问着我们的人性,时刻提醒我们究竟该如何与动物相处,如何与我们自己相处。

爱护动物,就是培养我们爱护生命,保护弱小。只有拥有一颗善良之心,懂得关爱动物,保护动物,我们才能走上正确的道路。那些动物也可以得到应有的保护和尊重,许多物种也不会濒临灭绝。

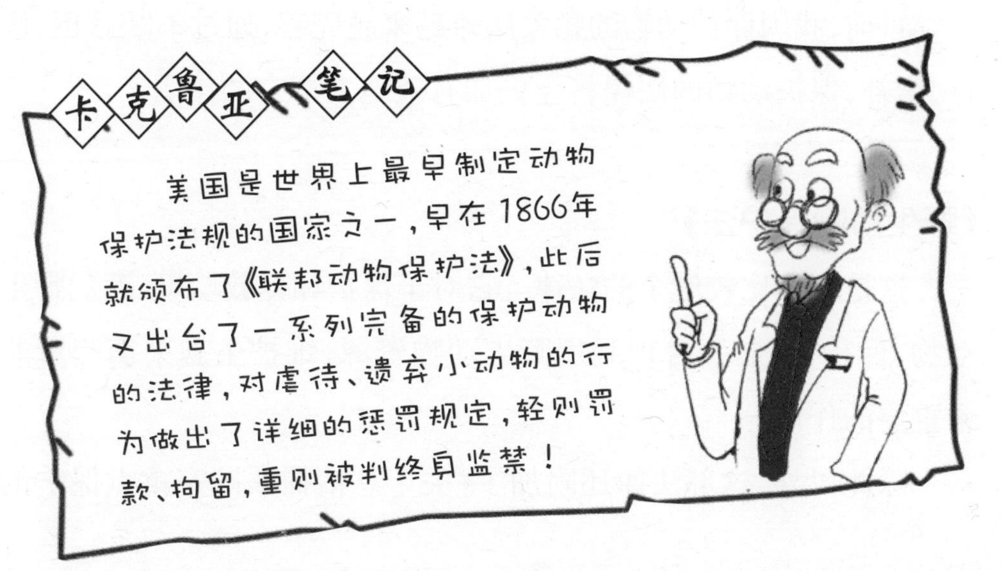

建立、健全法制

长久以来，人类都是一直强调人权，而对动物的权利却很少有人提到，也很少有人考虑过。直到生态环境持续恶化，生物链破损缺失，许多野生动植物濒临灭绝，人类才开始慢慢意识到，不仅仅是人类需要法律的保护，动物也同样需要，人类与动物在法律乃至生命意义上是完全平等的。所以建立健全法制，以法律来约束个别人的破坏行为，变得刻不容缓。让那些伤害动物，以猎杀珍稀动物为自己谋利益的人受到法律的制裁。

从法律上保护动物，不仅能够显示人类的爱心，体现人类文明，更是我们人类关怀自身生存发展所做的迫切努力。

保护动物的法律

目前，我国保护动物的相关法律越来越完善，通过不断修正、修订、增补，保护动物的法律将会更加有效地发挥它的作用。

《野生动物保护法》

这是一部比较健全的法律。它对于保护和拯救珍贵、濒危野生动物，保护、发展和合理利用野生动物资源，维护生态平衡起着非常重要的作用。

除此以外，这部法律还附加了《关于惩治捕杀国家重点保护的珍贵、濒危野生动物犯罪的补充规定》。保护动物的相关法律越多、越完善，珍稀的野生动物才能受到更好的保护。

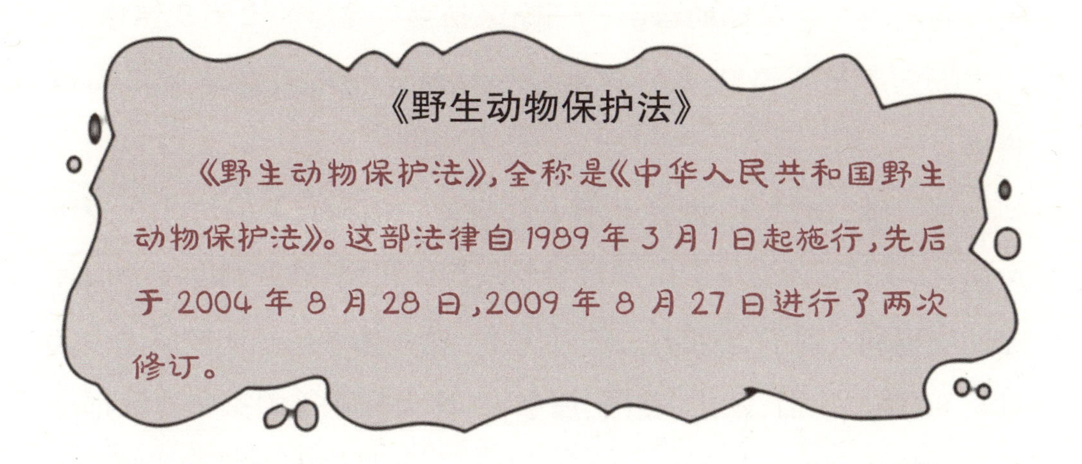

《野生动物保护法》

《野生动物保护法》，全称是《中华人民共和国野生动物保护法》。这部法律自1989年3月1日起施行，先后于2004年8月28日，2009年8月27日进行了两次修订。

动物也要有福利

动物福利的概念最早源于英国，按照国际上公认的说法，动物福利被普遍理解为以下五大自由：

①免于饥渴的自由——食、水必须足以维持动物健康；

②免于不舒服的自由——笼子必须舒适或有休息区；

③免于痛苦、伤害及疾病的自由——动物生病时应迅速送医；

④表达正常举动的自由——确保动物有足够的空间及伴侣；

⑤免于恐惧及忧虑的自由——对待宠物应避免造成其心理伤害。

据了解，1822 年，世界上第一部与动物福利有关的法律在爱尔兰通过。随后，西方很多国家都纷纷从组织机构、规章制度等方面保障动物福利。到了 20 世纪二三十年代，这一体系已经比较成熟。20 世纪 80 年代以后，欧盟、美国、加拿大、澳大利亚等国家和地区都进行了动物福利方面的立法，世界贸易组织的规则中也写入了动物福利的条款。

如果这样的法律能够有效地实施下去，动物的待遇不仅提高了一个等级，而且也不会有那么多动物濒临灭绝了！

法律对保护动物的作用

法律的颁布并不是做做样子，而是需要我们共同遵守和执行。如果有人触犯了法律，就要受到应有的惩罚。在保护动物方面，如果有人触犯了保护动物的相关法律，他们也必将受到处罚。

伤害野生保护动物被判刑

很多珍稀的野生动物越来越少，国家将它们划入“重点保护对象”。“重点保护对象”当然就需要重点保护了。

我国法律规定，非法收购、运输、出售珍贵、濒危野生动物制品罪，是指违反野生动物保护法规，收购、运输、出售国家重点保护的珍贵、濒危野生动物及其制品的行为。犯本罪的，处五年以下有期徒刑或者拘役，并处罚金；情节严重的，处五年以上十年以下有期徒刑，并处罚金；情节特别严重的，处十年以上有期徒刑，并处罚金或者没收财产。

曾经有某村农民在运河的一段污泥中发现了一条野生扬子鳄，农民找来绳索等捕捉工具，将扬子鳄弄上岸运至家中隐藏起来。第二天，农民寻找买主，打算以 500 元的价格将扬子鳄卖出。

后经当地群众举报，扬子鳄在当地公安机关运往救护站途中，因严重脱水而死亡。最终，这个农民因非法猎捕国家重点保护的珍贵、濒危野生动物罪，被判处有期徒刑 3 年。

你看，为了 500 元的不义之财，却让自己深陷牢狱 3 年。这值不值得？

经营野生动物酒店受到处罚

很多人喜欢吃野味，不仅只图一个新鲜、味美，还有一个心理，就是越是吃不到的东西越想吃，越是别人吃不到而自己能吃到，越觉得骄傲。

很多不良商家为了满足顾客的这种心理，私下屠杀野生动物进行售卖。在江浙以及广深一带，已经查处了很多这样的饭店、酒店。一旦被查处，饭店、酒店将被处以高额的经济处罚，严重者负责人甚至会被判刑。

相关趣闻

违反动物保护法律的严重情节

违反动物保护法律的情节很多，在此特别列出一些情节严重的，当你发现周围有这样的情节时，可以拿起法律武器，保护濒危的动物们。

《中华人民共和国物权法》

第四条　非法猎捕、杀害、收购、运输、出售珍贵、濒危野生动物构成犯罪，具有下列情形之一的，可以认定为“情节严重”；非法猎捕、杀害、收购、运输、出售珍贵、濒危野生动物符合本解释第三条第一款的规定，并具有下列情形之一的，可以认定为“情节特别严重”：

（一）犯罪集团的首要分子；

（二）严重影响对野生动物的科研、养殖等工作顺利进行的；

（三）以武装掩护方法实施犯罪的；

（四）使用特种车、军用车等交通工具实施犯罪的；

（五）造成其他重大损失的。

第五条　非法收购、运输、出售珍贵、濒危野生动物制品具有下列情形之一的，属于“情节严重”：

（一）价值在十万元以上的；

（二）非法获利五万元以上的；

(三)具有其他严重情节的。

非法收购、运输、出售珍贵、濒危野生动物制品具有下列情形之一的,属于“情节特别严重”:

(一)价值在二十万元以上的;

(二)非法获利十万元以上的;

(三)具有其他特别严重情节的。

第六条　违反狩猎法规,在禁猎区、禁猎期或者使用禁用的工具、方法狩猎,具有下列情形之一的,属于非法狩猎“情节严重”:

(一)非法狩猎野生动物二十只以上的;

(二)违反狩猎法规,在禁猎区或者禁猎期使用禁用的工具、方法狩猎的;

(三)具有其他严重情节的。

动物伙伴的新家园

濒危动物陷入生存困境，人们给动物建立了新的家园——自然保护区、国家公园、野生动物园等。在这里，野生动物可以得到更好的保护，更有利于它们的繁衍生息。

自然保护区

自然保护区，顾名思义，就是为了保护自然环境和自然资源而建立的区域。自然保护区是在中国的习惯叫法，在国外大多被称为“国家公园”。

什么是自然保护区

自然保护区，包括自然环境和自然资源。自然环境是指自然界中的土壤、矿藏、气候、地质和生物等。而自然资源，说的就是土地资源、水利资源、森林资源、动植物资源和以山水名胜、自然风光为主的旅游资源等。

像我国的陕西太白山自然保护区，就是为了保护自然资源、濒

于灭绝的生物物种、自然历史的遗产等，而人为划定的、进行保护和管理的特殊区域。

自然保护区要对尚未开发的，具有典型代表性的自然综合体进行保护。自然保护区对保护生物物种具有很重要的意义。截至 2014 年 12 月，中国的国家级自然保护区共有 428 处。

自然保护区的重要作用

野生动植物是宝贵的自然资源，是全人类的共同财富。保护野生动植物，对于维护生态平衡，拯救珍贵、濒危物种，开展科学研究，发展经济，改善和丰富人民的物质和文化生活，以及促进国际交流，增进各国人民之间的友谊，都具有重要的作用和意义。

自然保护区是生物物种的“储存库”，这里保存和拯救了一大批濒危动植物；自然保护区还是进行自然保护研究的“天然实验室”，为研究各类生态系统和环境变化的规律提供了有利的条件；自然保护区也是向人们进行自然保护教育的“活的自然博物馆”，是教育实验的好场所；自然保护区风景优美，使人精神焕发，是人类激发灵感和进行创作的源泉。

我国著名的自然保护区

我国建立了很多自然保护区，每个自然保护区都有自己的特色。

它们在保护珍稀动植物方面起着极其重要的作用。

长白山自然保护区

位置：位于吉林省安图、抚松、长白三县交界处

长白山自然保护区的名字可是响当当的。它是我国建立最早、地位最重要的自然保护区之一。1980 年，长白山自然保护区加入联合国教科文组织国际人与生物圈保护区网络。长白山自然保护区是一个以森林生态系统为主要保护对象的自然综合体自然保护区。

▶长白林海

长白山气势雄伟，资源丰富。这里林木参天，种类繁多，有的地方是迄今尚未被采伐的原始森林。这里是地球上少有的一片净土！长白山山区拥有高等植物 1 400 余种，有著名的红松、紫杉、美人松等，是名副其实的“长白林海”。

▶珍稀动植物的栖息地

长白山中栖息着许多名贵的珍禽异兽。这里有300多种脊椎动物，著名的东北虎、梅花鹿、紫貂等都分布在这里。

长白山还有“药材之山”的称号。这里有人参、党参、黄芪、木灵芝等300余种中药材。长白山的野山参名扬中外。据史书记载，长白山野山参已有近4 000年的利用历史，都能和中华五千年历史相媲美了。

我国建立的第一个自然保护区——鼎湖山自然保护区

位置：广东省肇庆市东北19千米处

1956年，鼎湖山成为我国建立的第一个自然保护区。1980年，鼎湖山自然保护区加入联合国教科文组织国际人与生物圈保护区网络，成为国际性的学术交流和研究基地，主要以保护南亚热带季雨林为主。鼎湖山的特殊研究价值闻名海内外，被誉为华南生物种类的“基因储存库”和“活的自然博物馆”。

鼎湖山自然保护区地处北回归线附近，是我国南方的一个自然资源宝库。保护区保存有野生高等植物2 400余种，其中经济林木300多种，药用植物、油科植物和纤维植物900多种，淀粉植物400多种。光看这些数字，你就知道鼎湖山自然保护区是一个多么大的自然资源宝库了。

除此之外，鼎湖山自然保护区内还生活着大量的珍稀动物，其中豹、鬣羚等均为国家重点保护动物。

梵净山自然保护区

位置：位于贵州省东北部的江口、印江、松桃三县交界处，是武陵山脉的主峰

梵净山自然保护区不仅在我国，在世界上也是非常重要的自然保护区。它是世界上同纬度地区原生植被保存最完好的地区。梵净山自然保护区的珍稀动植物众多，已经被列为世界级自然保护区了。同时，梵净山还是中国26个加入联合国教科文组织国际人与生物圈保护区网络的成员之一。你一定很想跟着我的脚步去看一

看吧！

▶珍稀物种的聚居地

在400平方千米的原始森林里，隐藏着许多珍稀动植物，有国家一级保护植物珙桐、梵净山冷杉、南方红豆杉和钟萼木等6种，还有国家二级保护植物连香树、香果树、水青树、白辛树、黄连等25种。

梵净山自然保护区的动物也不少呢，仅兽类、鸟类、两栖类和爬行类动物就有300多种，其中列入国家一、二级保护的珍贵稀有动物就达17种。像我们比较熟悉的一级保护动物黔金丝猴、华南虎、白颈长尾雉等，还有二级保护动物大鲵、黑熊、猕猴、穿山甲、红腹角雉等，这些在梵净山都可以找到！特别是黔金丝猴，它仅分布在梵净山自然保护区内，是我国特有的3种金丝猴种类中数量最少、分布最窄、濒危度最高的动物，被国际贸易公约列为濒危度最高级别的保护动物，是世界的瑰宝。

▶奇妙的自然风光

梵净山不仅有丰富的动植物资源，还有奇妙的自然风光。梵净山上有一处“鱼坳”，登上鱼坳，就仿佛走在鱼的脊背上，两边都是悬崖峭壁，没有足够胆量的人是不敢轻易攀登的！

从鱼坳昂首远望，可以看到金顶，也就是梵净山的顶部，这里的风景更是奇特秀丽。顶部岩石裂成两半，中间形成一条深约20米的绝壁峡谷，人称“金刀峡”。一座“天仙桥”将两块巨石连接起来，石上分别建有释迦牟尼、弥勒两殿。原来梵净山具有很悠久的历史，自明代起就在这里广修庙宇，是我国五大佛教名山之一。在金顶可以看日出、赏云海，还可以看到“佛光”的奇妙景象呢！

我国面积最大的自然保护区——阿尔金山国家级自然保护区

位置：位于新疆维吾尔自治区若羌县南侧，青藏高原北部

阿尔金山自然保护区真不愧是我国面积最大的高原荒漠生态系统保护区。它占地近4.5万平方千米，超过了我国现有的除三江

源保护区外的百余个自然保护区的总和。同时它也是中国四大无人区之一。

►独特的地域风采

阿尔金山自然保护区生长着数十种稀疏、低矮，但分布广泛的草类植物。

在这里生活的众多野生动物中，最珍贵、最具有地域特色、数量又占优势的当数国家一级保护动物藏野驴和藏羚羊了。此外，还有野牦牛、雪豹、金雕等。国家二级保护动物有马熊、猞猁、盘羊、岩羊、猎隼等。

阿尔金山自然保护区地处高原，这里边远偏僻、交通不便、高寒缺氧、淡水缺乏，因此人迹罕至，使得这里的高原生态系统保存得相当完好，是不可多得的高原物种基因库。

可见事物往往有不同的方面，劣势也不会永远是劣势，就看你从哪个角度看问题哦！

世界著名的国家公园

在世界上有很多国家公园，这些公园根据当地的地理环境和生物物种所建。每一个国家公园都是独特的存在，里面的景象会让你亲身体验到造物主的伟大。

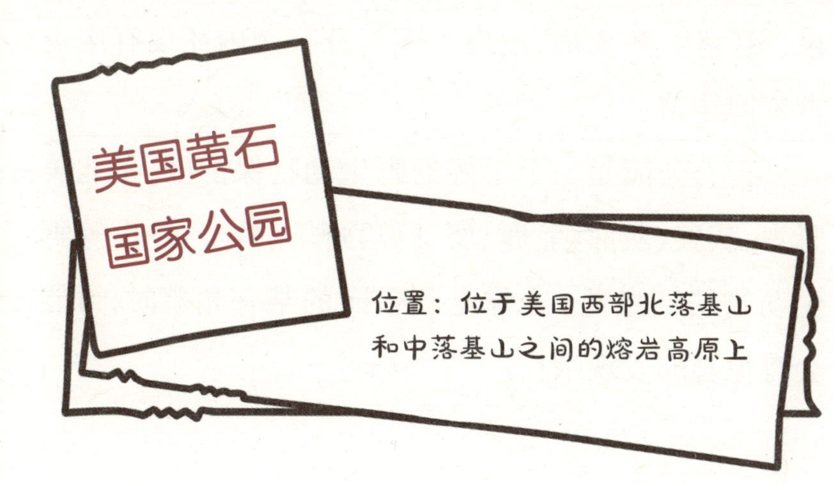

同中国的万里长城一样，黄石国家公园是外国游客的必游之处。为了让这里的所有树木、矿石的沉积物、自然奇观以及其他景物都保持现有的自然状态而免于破坏，1872 年 3 月 1 日，黄石成为世界上第一个最大的国家公园。如今，它以保持自然环境的本色而著称于世，被美国人自豪地称为“地球上最独一无二的神奇乐园”。

黄石公园占地面积约为 8 983 平方千米，主要分为 5 个区：西北的马莫斯温泉区，以石灰石台阶为主；东北的罗斯福区，仍保留着老西部景观；中间为峡谷区，可观赏黄石大峡谷和瀑布；东南为黄石湖区，主要是湖光山色；西南为间歇喷泉区，遍布间歇泉、温

泉、蒸气池、热水潭、泥地和喷气孔。园内还设有历史古迹博物馆。

黄石公园是一个很好的野生动物保护区，是北美野牛、灰狼、灰熊、驼鹿、麋、巨角野羊、羚羊、羚牛等野生动物的栖息地。当你走到公园的某一角落时，可能会有惊喜的发现哦！

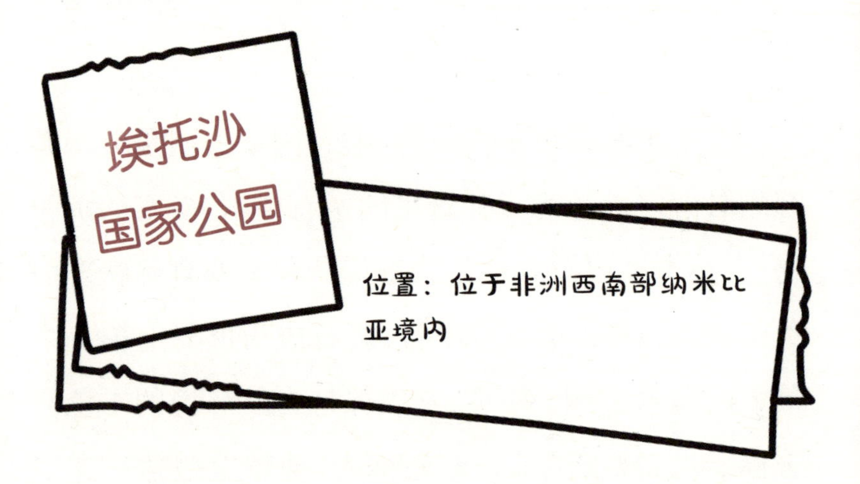

“纵然敞开世上所有的兽笼，也无法与我那天看到的奇观媲美。”这是美国商人 G.麦基拉于 1876 年说的一句话。那一年，他跋山涉水，初次来到这片土地上，后来这里便成为纳米比亚的埃托沙国家公园。

▶干旱之地的奇妙景象

干旱之地埃托沙是非洲人迹罕至的大型野生动

物公园之一。该公园占地20 000平方千米,囊括一个长达129千米的大盐盆。这个盐盆曾经是一个大湖,湖水来自库内内河,几千年前由于河流改道,这个盐湖便干涸了。现在,当人们凝视着浩瀚的盐洼地和尘土覆盖的淤泥时,仿佛看到一群群牛羚、角马等动物在雾蒙蒙的热浪后若隐若现。

▶动物的王国

埃托沙国家公园里有110多种哺乳动物,其中包括濒临灭绝的稀有动物,还有300多种鸟类,其中1/3为候鸟。

季节变化影响着埃托沙公园野生动物的活动,形

成气势宏大的野生动物迁徙场面。每当雨季来临，数以万计的斑马和角马从东北面的安多尼平原迁徙而至，长颈鹿和象群紧随其后，形成长长的队列蹒跚前行，同时还有大群跳羚、非洲棕羚及白羚跟随。在浩浩荡荡的迁徙队伍后面，是狮子、鬣狗、猎豹及野狗。

当旱季到来时，盐盆干涸，草木枯萎，动物们为了生存，又会再次大规模地迁徙，在盐盆表面留下无数深深浅浅的脚印，一直延伸到遥远的地平线。

位置：位于巽他陆架的爪哇岛最西南端，包括马戎格库龙半岛和几个近海岛屿

马戎格库龙国家公园还保留着最大面积的低地雨林。爪哇虎在40年前已经绝迹，这里可以见到几种濒危的植物和动物，其中受到威胁最大的是爪哇犀牛。

马戎格库龙国家公园是现存的爪哇犀牛的唯一栖息地，这里保存着世界上濒临灭绝的爪哇犀牛群，这也是申报马戎格库龙国家公园为世界文化遗产的一个最重要原因。这种稀有的，但非常危险的爪哇犀牛的数量，据估计仅为50~60头，属于非常稀少、极其珍贵的罕见物种。

世界十大著名国家公园

1.美国黄石国家公园。

2.美国亚利桑那州大峡谷国家公园，又称“科罗拉多大峡谷”，位于美国西部亚利桑那州凯巴布高原。

3.南非克鲁格国家公园，是南非最大的野生动物园，以其动植物的多样性和完善的旅游设施著称。

4.阿根廷冰川国家公园，坐落于阿根廷南部。它的著名在于它是世界上少有的、现在仍然“活着”的冰川，在这里每天都可以看到冰崩奇观，1981年被列入联合国世界自然遗产。

5.俄罗斯北极国家公园，公园独特的动植物资源以及自然生态系统是地球生物多样性的重要组成部分。公园还留有北方原住民的历史文化遗产遗迹。

6.新西兰峡湾国家公园，位于新西兰南岛西南端，是新西兰最大的国家公园。公园被誉为“高山园林和海滨峡地之胜”。

7.中国汤旺河国家公园，位于黑龙江省伊春市汤旺河区境内。公园融奇石、森林、冰雪、峰涧、湖溪于一体，集奇、险、秀、幽于一身，可登山、漂流、垂钓、原始丛林探险等，是科学考察、休闲度假、旅游观光的胜地。

8.日本富士箱根伊豆国立公园，位于日本东京，是一个“火山和海洋”的国立公园。

9.澳大利亚卡卡杜国家公园，位于澳大利亚北部达尔文市以东220千米处。这里的生态系统独特而复杂，潮汐涨落，冲积平原、低洼地带和高原是适合各种独特动植物繁衍的理想环境和场所。

10.危地马拉蒂卡尔国家公园，是玛雅文明中最大的遗弃都市之一，是典型的遗址公园。置身蒂卡尔国家公园，会有一种时光倒流、恍如隔世之感。

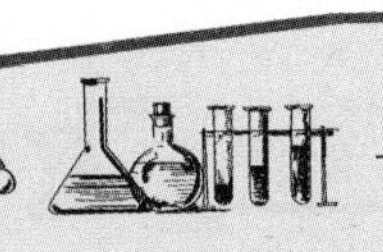

相关趣闻

自然保护区是动物的保护网

我国建立了许多自然保护区，那么这些自然保护区到底能保护多少动植物呢？

根据环保部门提供的数字，截至 2014 年，我国已建立国家级自然保护区 428 个，面积 9 654 万公顷（1 公顷 =10 000 平方米）。

自然保护区的主要保护对象涵盖了典型的自然地理区域，有代表性的自然生态系统，珍稀、濒危野生动植物物种的天然集中分布区域，具有特殊保护价值的海域、海岸、岛屿、湿地、内陆水域、森林、草原和荒漠，具有重大科学文化价值的地质构造、溶洞、化石分布区、冰川、火山、温泉等自然遗迹。

据悉，中国最原始的森林、草地、湿地大多分布在国家级自然保护区内。全国 85%的陆地自然生态系统类型、绝大多数自然遗迹、65%的高等植物群落类型，特别是 85%以上的国家重点保护野生动植物均在自然保护区内。

看到这样的数据，你是不是放心了，自然保护区就是动植物的保护网呢！

除此之外，在自然保护区内生活的金丝猴、亚洲象、水杉、银杉等珍稀濒危物种的数量得到了恢复和增长，这样我们就不用担心它们会灭绝了。

趣味指数：★★★

长白山火山群

长白山是一座著名的休眠火山。在200~300多万年以前，这个地区由于火山爆发而地动天摇。至今为止的最后3次火山爆发，分别发生于1597年、1688年和1702年。

每次火山爆发时，整个地区都处于剧烈的震荡之中。大量的火山灰形成大片云团，遮天蔽日，天昏地暗，一个火山口突然喷发，猛烈地喷射出冲天的火焰。被熔化了的岩石，从火山裂缝的深处及其附近地面的裂缝中翻滚而出。一团团炽热的石块腾空而起，被热浪推到数百米高空，最后又降落到山谷和低地，覆盖了大片土地。这种恐怖的景象，持续数十个小时才平息下来。

河流和清泉被火山灰覆盖，而一些低地，在火山爆发前还生长着茂密的杨树、桦树和云杉，沼泽地散布其间。火山爆发时，滚烫的岩浆包围了郁郁葱葱的树木，这些树木燃烧起来，大火熊熊。燃烧过后，只剩下烧焦的树干，许多高大的红松树被埋在了熔岩下面。

趣味指数：★★★★★

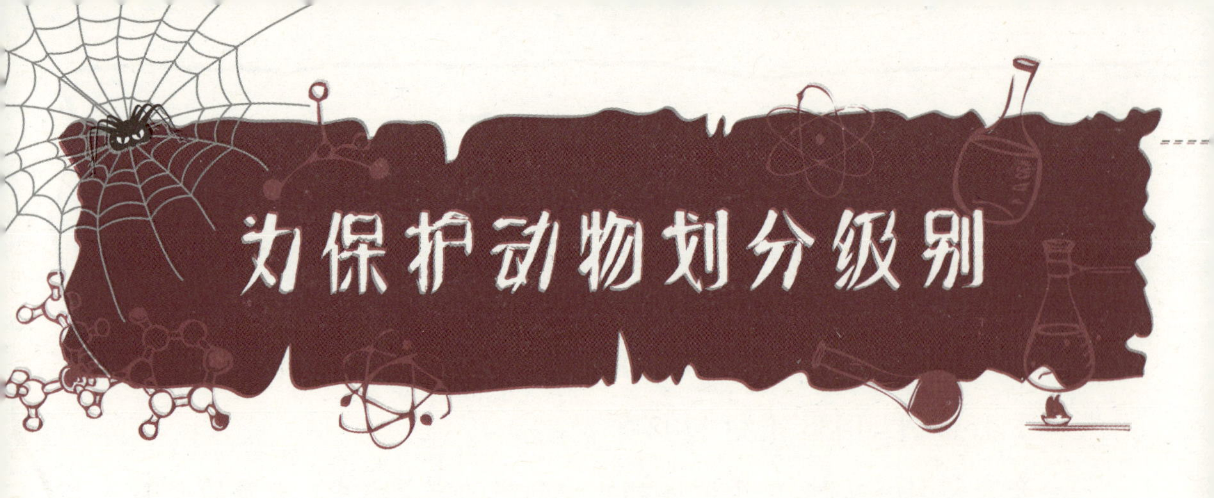

为了方便管理，有利于开展工作，我国为保护动物划分了级别。针对不同级别的保护动物，有效地区分对待，这样更便于动物保护工作的顺利进行。

为什么要划分级别

我国地大物博，拥有全世界最复杂、最全面的气候和地理环境。正是这种多样的环境让不同种类的动物得以幸福生活，并且有很多动物都是我国所特有的，这多么值得骄傲啊！

为保护动物划分级别，有利于动物保护工作的顺利进行。

不同问题要区分对待

在我国，不同的动物种类，生存的现状并不相同。有的动物种类数量庞大，日常生活中就可以经常见到，而有的却非常稀少，甚至生物学家都很难找到它们。不同的情况，我们需要采用不同的措施来解决，这样才能有针对性地解决问题。

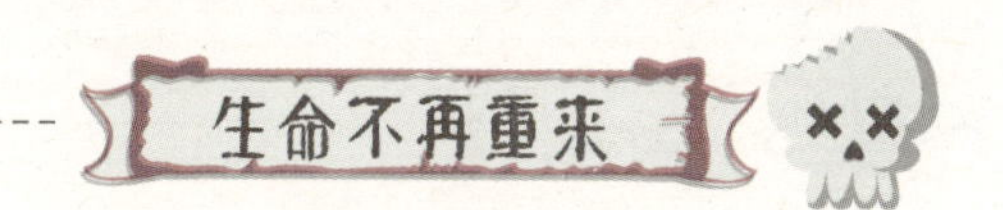

给不同的动物种类划分级别，不同级别区别对待，这样才能更快、更有效地解决问题。

集中力量解决重点问题

不同的保护动物所面临的困境也不相同。有些受保护的动物是我国所特有的，数量非常稀少，甚至已经濒临灭绝，如大熊猫、金丝猴等。这类动物是需要我们尽快采取措施，集中力量，通过各种方式来保护它们的。

还有一些受保护的动物，相对于那些濒危动物来讲，状况会好一些，我们可以把它们划分到下一个级别里。

按照保护对象来划分，自然保护区分为生态系统类型保护区、生物物种保护区、自然遗迹保护区三大类。按照保护区的性质来划分，自然保护区分为科研保护区、国家公园、管理区和资源管理保护区。

保护动物分几级

在我手上有一个名单。不要以为这是个黑名单，实际上，名单上的每个成员都是非常珍贵、稀少的受保护动物。

这个名单是根据《中华人民共和国野生动物保护法》来制定的。《中华人民共和国野生动物保护法》里把国家重点保护的野生动物分为一级保护野生动物和二级保护野生动物，并对其保护措施做出了相关规定。

所有以“保护动物”为宗旨的团队，都是以此为蓝本来开展保护动物的工作的。

一级保护野生动物

一级保护野生动物，也是我国重点要保护的动物。这些动物的

数量已经非常稀少，而且一直没有停止减少。如果持续下去，这些动物很快就会灭绝了。

我们比较熟悉的大熊猫、金丝猴、长臂猿、丹顶鹤、雪豹、东北虎、梅花鹿等，这些都位列国家一级保护野生动物的名单中。大熊猫现在仅有 1 000 只左右，金丝猴有 700 只。

如果我们再不珍惜它们，保护它们，可能地球上再也找不到它们的踪迹了。

二级保护野生动物

二级保护野生动物，虽然名为“二级”，其实也是非常珍贵的重点保护野生动物，只是相对一级保护野生动物来讲，它们的数量还没有那么稀少。不过，一旦我们不注意保护，它们的数量就会越来越少，很可能会成为一级保护野生动物！

典型的二级保护野生动物有小熊猫、穿山甲、黑熊、天鹅等。

有兴趣的同学还可以通过书籍、网络，搜集到更多的二级保护野生动物名单哦！

保护野生动物，我们能做些什么

我们在亲人、朋友的呵护下长大，如果不小心受伤了，父母会立刻带我们去看医生。我们受伤的时候可以喊痛，可是动物并不会说话，它们受伤的时候怎么办呢？有谁去照顾它们吗？

人人都有救治受伤动物的责任

经常有类似的新闻报道，比如某地农民发现一只鸟，经过专家对比、确认后，原来是国家一级保护野生动物。的确，除了那些我们熟知的大熊猫、金丝猴，还有很多人们并不熟悉的国家保护野生动物。当人们发现这些动物受伤时，也不知道应该怎样救治。

在这里，我要告诉大家：一旦发现有珍贵的保护动物受伤或落单，一定要及时与警方、林业部门或动物园取得联系，让这些珍贵的野生动物在第一时间得到救助。你的举手之劳，可能关乎一条生命是否能够存活。

恶意伤害动物将受到处罚

有些野生动物是因为自然因素而受伤，但也不排除人为因素导致动物受到伤害。有些人利欲熏心，在钱财的驱使下，会恶意伤害受保护动物,从而为自己谋求利益。

如果我们遇到这种情况,要及时告知公安部门,让受到伤害的动物得到及时救治。当然,那些恶意伤害野生动物的人,也会依据情节轻重受到处罚。

总体来说,一级保护动物比二级保护动物的数量要少,而且很多都是濒危物种,甚至有些在自然界已经差不多灭绝了,难得一见;如果伤害到它们,受到的刑罚也更重。而二级保护动物呢,数量相对来讲比一级保护动物多,而且也不像有些一级保护动物那样神秘,但是伤害二级保护动物,同样也是要受到处罚的。

保护野生动物从你我做起

你可能会认为保护野生动物离我们很远,不知道从何做起。其实我们可以做的事情有很多,我们除了需要增强保护野生动物的意识,还要多多关注身边的小动物们,熟悉它们的生长及生活习性,努力为它们营造良好的生活空间。

我们还要做到不购买野生动物和野生鸟类、不贩卖野生动物、尽量不穿野生动物的皮毛制品、不食用含有保护野生动物成分的食品、药品,比如鱼翅、熊掌、虎骨酒等。

其实不只是在野外生存的动物需要我们保护,我们身边的一些小动物,比如流浪的猫、狗,它们也同样需要我们的保护。冬天,我们可以在自家阳台、小区井盖或广场等明显的地方投放一些食物,以帮助它们渡过难关。多一点人性的关怀和温暖,冬天才不会太冷。

相关趣闻

金丝猴

金丝猴是我们比较熟知和喜欢的一种动物，也是国家一级保护动物。

金丝猴是群居动物，它们栖息在高山密林中，主要在树上生活，也在地面找东西吃。金丝猴主要以野果、嫩芽、竹笋、苔藓植物为食，也吃树皮和树根，亦喜食鸟等肉类。

金丝猴具有典型的家庭生活方式，成员之间相互关照，一起觅食、玩耍和休息。未成年的小金丝猴有着强烈的好奇心，非常调皮，也倍受父母宠爱，但小公猴成年后就会被爸爸赶出家门，只能自己独立生活。

实际上，金丝猴只是一个总称。金丝猴分为不同的种类，有缅甸金丝猴、越南金丝猴、怒江金丝猴、川金丝猴、滇金丝猴、黔金丝猴6种，其中除缅甸金丝猴和越南金丝猴外，均为我国特有的珍贵动物。

别看金丝猴的种类很多，但是它们的总体数量并不多。为了保护它们，我国已经建立了西安周至金丝猴保护区、白河川金丝猴保护区、沿渡河金丝猴保护区、红拉山滇金丝猴保护区、巴东县沿渡河金丝猴自然保护区、芒康滇金丝猴国家级自然保护区、西安金丝猴自然保护区等对金丝猴实施保护。

趣味指数：★★★★

一级保护野生动物有多少

1980 年到 2000 年这 20 年间环境急剧恶化,很多物种濒临灭绝或已经灭绝。下面是中国 10 种濒危动物,也是国家一级保护野生动物的现存数量情况表。这组数据会告诉你,形势已严重到了何种程度。

滇金丝猴:约 700 只

大熊猫:约 1 000 只

华南虎:约 30 只

东北虎:约 20 只

雪豹:约 1 600 只

白鳍豚:约 300 只

野骆驼:约 1 000 只

野牛:约 800 头

扬子鳄:约 1 000 条

斑鳖:约 2 条

趣味指数:★★★★★

假如没有博物馆

博物馆作为收藏与展示人类文明、历史与科学的重要场所，它联系着过去、现在与未来，是一个城市，乃至一个国家文明最具代表性的地方之一。假如没有博物馆，人类曾经无比辉煌的文明早已淹没在历史的尘埃中了。

神奇的博物馆

每到周末或者节假日，老师或父母都会带我们去参观各种各样的博物馆，如历史博物馆、艺术博物馆、科学博物馆等。在这些博

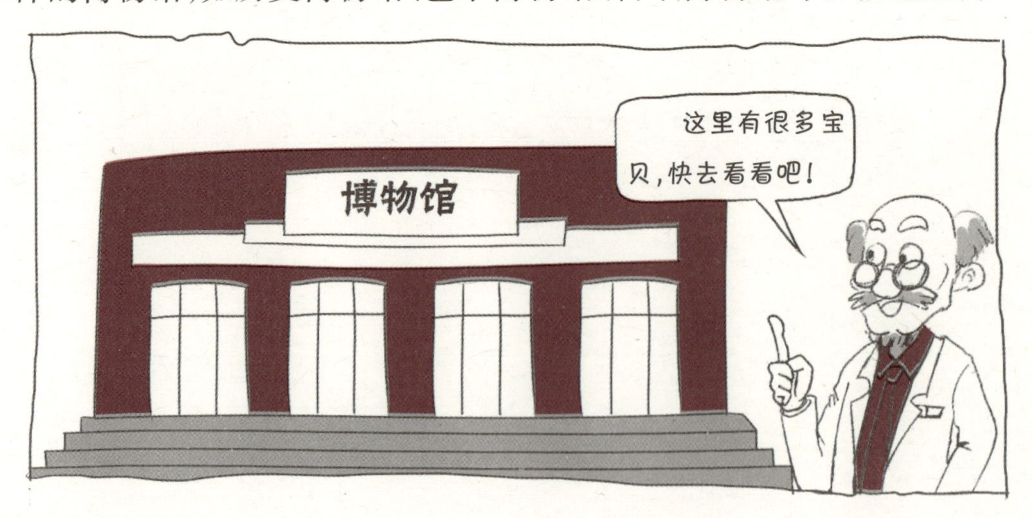

物馆里，我们回顾过去，展望未来，开拓了眼界，汲取了丰富的文化知识。每次参观完，我们都会有很多收获。

巨大的宝物盒子

小时候，你是不是也喜欢把自己心爱的东西收藏到一个盒子里？它们可能是一些圆润的小石头，可能是一块带着香味儿的橡皮擦，可能是一根绚丽的羽毛，也可能只是一堆漂亮的糖果包装纸。这些在别人眼中一钱不值的小东西，在你看来却是珍贵无比的宝贝。

博物馆也一样，它把对人类历史与文明发展有重大意义的东西收藏起来，如化石、标本、地图、资料等。这些东西对人类寻找与探索曾经在地球上存在的物种，以及灭绝的物种都非常重要，是人类最宝贵的文明财富。

最生动的课堂

有的时候，你会抱怨书本上的知识有些无趣，课堂授课的方式

又太过刻板，那么请到博物馆来吧！这里会把丰富的知识用各种各样的方式表现出来，有的是用化石，有的是用标本，甚至还有高科技方式再现曾经的恐龙时代。这是多么神奇的地方啊！我们在学习知识的同时感受到更多的乐趣，这些有趣的、多种多样的展览方式，能够加深我们对知识的认知和理解，更加牢固地掌握科学文化知识。

世界著名博物馆

收藏丰富的大英博物馆

成立时间：1753 年

位置：英国伦敦新牛津大街北面的罗素广场

大英博物馆又名不列颠博物馆，是世界上历史最悠久、规模最宏伟的综合性博物馆，与法国国家自然博物馆、美国自然历史博物馆并称为世界上最大、最著名的自然博物馆。它从英国海上称霸的时代起，就在世界各地广为搜集自然标本，经过 200 多年的发展，共拥有动植物和岩石矿物等各类标本约 4 000 万号，其中仅古生物化石标本就有 700 万号，居世界之首。

为了给博物馆中日益增多的藏品提供更多的空间，19 世纪 80 年代，自然历史类收藏品被转移到南肯辛顿区的新馆，那里成为自然历史博物馆。

大英博物馆的外形也非常特别，它是一幢看起来像教堂的典型维多利亚式建筑，有趣吧！别看它的外形奇特，它可是内有“乾坤”哦！大英自然博物馆光面积就有4万多平方米，而且内部空间高大，可是名副其实的科学殿堂呢！

获取知识的源泉——法国国家自然博物馆

成立时间：1650年

位置：巴黎市中心的塞纳河畔

法国国家自然博物馆是法国历史最悠久、规模最宏大的自然科学类博物馆。它占地达22公顷，集世界最丰富、最罕见的动植物和矿物标本之大成；聚动物园、植物园、高山公园、古建筑、实验室、图书馆和暖房于一体；汇集了众多稀世之宝，呈现出奇特的大自然景观，展现了自然界传统的、现代的及未来的多学科领域。这里既是学者们登上科学高峰的殿堂，也是普通人从中获得知识的源泉。

美国自然历史博物馆

成立时间：1869年

位置：美国纽约曼哈顿区中央公园西侧

美国自然历史博物馆也不可小瞧呢！它是世界上规模最大的自然历史博物馆。该博物馆占地总面积为7万多平方米，拥有标本2 000万号，其中软体动物200多万号，鱼类近50万号，鸟类达100万号以上。

这里的古生物和人类学的收藏在世界各博物馆中居首位，除采自美国境内的标本外，南美洲、非洲、欧洲、亚洲、大洋洲的代表性标本均有收藏。

美国自然历史博物馆的陈列内容主要包括天文学、矿物学、人类历史、古代动物和现代动物 5 个方面，有大量的化石、恐龙、禽鸟、印第安人和因纽特人的复制模型。

这里共设有 38 个 500~1 500 平方米大小的陈列厅，设有动物行为学等 10 多个学科研究部。

该馆还设有图书馆和奥斯朋古脊椎动物分图书馆，藏有自然历史方面的书刊 30 万册左右，其中许多是很有价值的首版专著。数量如此庞大的藏书，书迷们可不要错过哦！

北京自然博物馆

成立时间：1959 年

位置：北京市东城区天桥南大街

北京自然博物馆是我国无数博物馆中的一座，背靠世界文化遗产天坛公园，面对现代化的天桥剧场，具有特殊的文化背景，是我们的骄傲。

北京自然博物馆是新中国依靠自己的力量筹建的第一座大型自然科学类综合博物馆，中国八座大型综合性自然博物馆之一，主要从事古生物、动植物和人类学领域的标本收藏、科学研究和科学普及工作。

北京自然博物馆建筑面积 21 000 平方米，有 4 个基本陈列和 1 个恐龙世界博览，馆藏文物、化石、标本 10 万余件，大型整体古哺乳动物化石数量居世界第二，黄河古象化石、恐龙化石名扬海内外。丰富的展示内容，保证让你不虚此行！

为了更好地向公众展示这些珍贵的标本，北京自然博物馆的基本陈列以生物进化为主线，展示了生物多样性以及与环境的关系，构筑起一个地球上生命发生、发展的全景图。古生物陈列厅向我们展示了生物的起源和早期演化进程，透过化石的印痕，人们似乎又看到了已经灭绝的生物。这些生物的遗迹带领人们穿越时空，聆听来自遥远时代的声音。而植物陈列厅又仿佛是一部绿色的史诗，叙述着植物亿万年的演变过程。即使是一朵花的盛开，即使是一粒种子的传播，都蕴藏着无数奥秘。动物陈列厅则向我们讲述了这些“人类的朋友”身上的奥秘。这里将世界上最具代表性的野生动物及其生态环境还原再现，生动地向我们展示了动物之美和动物界的神奇。人类陈列厅让我们一睹人类由来的壮阔历史。人类由猿到人，历经万年才有了今日的容颜。一个人的诞生看似平淡无奇，却展示了大自然的鬼斧神工。

北京自然博物馆还根据青少年的心理特点，开辟了互动式探索自然奥秘的科普教育活动场所，吸引了无数热爱自然的青少年朋友。它还不定期推出各种主题展览，如“猛犸象”“达·芬奇科技”“人体的奥秘”等，这些都让孩子们在欢乐轻松的氛围中探索自然，热爱科学。

相关趣闻

《博物馆奇妙夜》

你喜欢看电影吗？电影中的博物馆更神奇，更吸引人！

《博物馆奇妙夜》就是这样一部电影。影片讲述了一个倒霉的博物馆保安不知不觉触动了一件文物，导致一个被禁锢几千年的生物被释放出来，给全城带来混乱的故事。

《博物馆奇妙夜》是以位于纽约的自然历史博物馆为背景的，这里陈列着这个世界上让人惊奇的所有事物：狂暴的史前生物、野蛮的古代战士、被时间的流沙埋掉的原始部落、非洲的草原动物以及改变了历史的传奇英雄……很难想象，当这些陈列的事物复活时，将会是一种什么样的情形？

在影片中，我们可以看到无数奇幻的景观，可以近距离地触摸历史，可以在方寸之间横跨各大洲和上下几千年乃至亿万年的人类文明，这是多么让人兴奋的事情啊！

假如你已经看过《博物馆奇妙夜》，也不要有失落感，因为《博物馆奇妙夜》已经拍了第二部和第三部，你可以找来看看。影片将让你打开更多的奇妙盒子，穿越时光隧道，见识那个奇妙的世界。

趣味指数：★★★★★

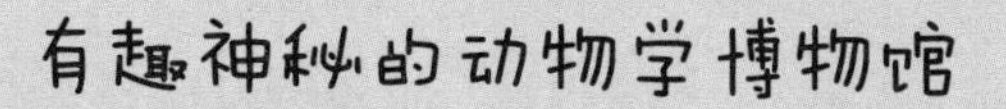

世界上不仅有大英博物馆、法国国家自然博物馆等非常著名的博物馆，还有一些非常有趣，甚至有点诡异的博物馆呢！美国的国际神秘动物学博物馆就是其中之一。

所谓的神秘动物学，是指有关未经证实的，仅是传说的神秘动物的研究，包括夜啼以及尼斯湖水怪等。科尔曼是这一世界上神秘生物研究领域中的专家。

国际神秘动物学博物馆是一个极具魅力的博物馆，同时也是世界上唯一的国际神秘动物学博物馆。它对各个年龄阶段的人群都有较强的吸引力，尤其是儿童，曾于2012年被评为“最受儿童欢迎的五大博物馆之一”。

科尔曼创立的这个神奇的博物馆，对传说中的神秘动物进行研究，收藏所谓的标本、文物以及与神话生物相关的资料，其中包括尼斯湖水怪的复制品、夜啼、真人大小的腔棘鱼、假斐济美人鱼等。馆内的最新一项展览是巨口鲨，它于1976年发现于夏威夷。这项展览是世界上第二大关于巨口鲨的展览。馆内还收藏有当地和国家艺术家的绘画作品，大都也是关于神秘生物的绘画。

国际神秘动物学博物馆最不可错过的是高2.5米，重130千克的“克鲁克斯顿大脚”，这可能是唯一能亲眼看到传说中的生物的机会。

趣味指数：★★★★★

国际上重要的动物保护组织

动物是人类的朋友，但还是有很多人一味地捕杀动物，这就在很大程度上破坏了生态平衡。人类和动物共同生活在大自然中，动物的灭亡也就意味着人类的灭亡，所以我们应该竭尽所能去保护动物。国际上已经成立了很多权威性的动物保护组织，在很大程度上保护了这些动物。

国际自然与自然资源保护同盟

英文：International Union for Conservation of Nature and Natural Resources，简称IUCN

成立于1948年，在瑞士格兰德

国际自然与自然资源保护同盟是一个独特的世界性联盟，它专职于世界的自然环境保护。它的独特之处在于它是政府及非政府机构都能参与合作的组织，这在国际组织中是少有的。

多年来，国际自然与自然资源保护同盟在影响、鼓励及协助全球各地保护自然的完整性与多样性，并确保在使用自然资源上的公平性，生态上的可持续发展方面做出了杰出的贡献。

还记得 2011 年，一只濒危的珍稀野生东北豹在我国吉林省林区活动吗？东北豹的活动情况被野外设置的远红外自动相机成功拍到，这里可少不了国际自然与自然资源保护同盟的功劳哦！

国际爱护动物基金会

英 文：International Fund for Animal Welfare，简称 IFAW

成立于 20 世纪 60 年代，总部设在美国的马萨诸塞州

在全球范围内，野生动物的商业贸易和野生动物交易从来没有停止过，很多野生动物命丧其中。国际爱护动物基金会是全球最大的动物福利组织之一，它的宗旨就是在全球范围内减少对动物的商业剥削和野生动物交易，保护动物栖息地及救助陷于

危机和苦难中的动物，提高野生动物与伴侣动物的福利，并积极推行人与动物和谐共处的动物福利和保护政策。

大猩猩、藏羚羊等都被国际爱护动物基金会从野生动物贸易中解救过。在拯救其他濒危物种、终止丛林动物肉类贸易、禁止将野生动物作为伴侣动物过程中，国际爱护动物基金会起着非常重要的作用。

国际爱护动物基金会还紧急救助过 19 000 只遭受油污的企鹅，营救过搁浅的鲸和海豚，帮助过孤幼动物等，这让很多动物免于死亡。

你一定听说过不少关于大象和象牙的事情。有盗猎者为了牟取私利而杀掉大象，取出象牙。国际爱护动物基金会曾多次制止这类行为。希望有更多的人行动起来，像国际爱护动物基金会一样，为保护动物免遭屠戮而努力。

世界自然保护基金会

英文:World Wildlife Fund,简称WWF

成立于1961年,总部设于瑞士

世界自然保护基金会是世界最大的、经验最丰富的独立性非政府环境保护机构,主要致力于保护世界生物多样性、确保可再生自然资源的可持续利用,推动减少污染和浪费性消费的行动。

世界自然保护基金会开展的活动众多,我国的大熊猫保护项目就是其中之一。除此之外,世界自然保护基金会还曾开展过1972年的"世界老虎保护行动计划",1979年的"世界犀牛保护行动计划"等。现在,世界自然保护基金会已成长为影响地球各种野生生物保护的最大的全球性保护组织,其工作得到了世界各国的赞誉。

目前,世界自然保护基金会通过由27个国家级会员、21个项目办公室及5个附属会员组织组成的一个全球性网络,在北美洲、欧洲、亚太地区及非洲开展工作。

世界动物保护协会

英文:World Society for the Protection of Animals,简称WSPA

总部设于伦敦，成立时间最早可追溯到50多年前

说起世界动物保护协会的成立，它是由两个组织，即成立于1953年的动物保护联盟（WFPA）与成立于1959年的动物保护国际联合会，在1981年合并而成的。

目前，世界动物保护协会的工作已经取得了最显著的成效，即促使欧盟议会通过了一系列保护野生动物的法律法规。

还记得动物福利法吗？世界动物保护协会正致力于在全球通过法律程序确保动物享有的福利，让每一个人都理解、尊重和保护动物的福利。

还记得之前新闻报道的“活熊取胆”事件吗？这是多么残忍的行为啊！世界动物保护协会反对饲养黑熊，呼吁人类真正从内心把动物和人放在同等的位置上。

中国野生动物保护协会

英文:China Wildlife Conservation Association,简称 CWCA

成立于 1983 年 12 月,是中国科协所属的全国性社会团体,行政上受国家林业局领导

中国地大物博,拥有无数珍稀的野生动物资源。在世界珍稀物种名单上,很多动物都来自中国,甚至是中国所独有的。因此,中国在保护野生动物方面,一直在不停地努力着。

中国野生动物保护协会的宗旨是推动中国野生动物保护事业的发展,保护和拯救中国的濒危珍稀野生动物。

在此基础上,中国野生动物保护协会还通过开展科学研究和学术交流,提供经营管理野生动物资源的技术业务咨询,筹集保护野生动物的资金,同各国自然保护组织和机构建立联系,参与有关的国际合作和交流。

为促进国际文化交流,中国野生动物保护协会还组织了动物跨国展览,大熊猫、金丝猴等珍贵动物先后到美国、加拿大、爱尔兰、比利时、新加坡、日本等国展出。1984 年,该协会被国际自然与自然资源保护同盟(IUCN)接纳为会员。

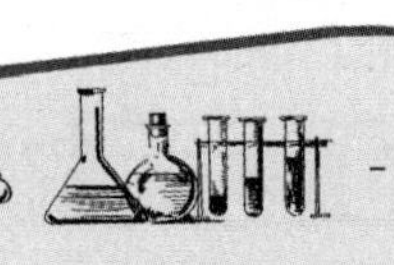

相关趣闻

荒野保护协会

世界上有各种各样的协会，你听说过荒野保护协会吗？荒野为什么也要保护呢？你一定很想知道吧！

我们通常认为荒野就是杂草丛生的脏、乱、差的地方，这样的地方还有什么保护的价值和意义呢？其实自然有自净的功能，荒野也一样。如果人们少往或者不往荒野乱倒垃圾，荒野通过自净功能，终有一天也会改头换面，以一种崭新的面貌面对我们。

中国台湾荒野保护协会就是这样一个协会，它提醒人们关注地球过度开发所导致的环境问题。保护荒野，让孩子们接触最本真的大自然理念，这与加入人工造景因素的生态农庄和森林公园相比，不仅仅是环保方式上的差异，其实也体现了对于荒野、沟壑、滩涂等较少关注到的环保死角的重视。

现在，荒野协会在中国台湾共有 45 个自然场域的定点观察站，工作人员在观察站持续进行自然观察，记录其中的四季变化，并举办各种类型的单日或过夜的户外推广活动。

中国台湾民众的环保意识不断增强，越来越多的人加入到荒野保护的行列中来，衷心希望这样的荒野保护协会越来越多。

趣味指数：★★★★

世界自然保护基金会为什么以大熊猫为标志

世界自然保护基金会(WWF)是一个国际性组织,它的标志也很有特色,就是我国的大熊猫。

这个标志是仅仅在中国使用吗?答案是否定的。大熊猫作为WWF的知名标志,在全球广泛使用,并为世人所熟知。

为什么WWF会选择中国的大熊猫作为标志呢?这里面还有一个故事哦!

1961年,大熊猫“熙熙”到英国伦敦动物园借展,造成万人空巷的场面。WWF认识到,一个具有影响力的组织标志可以克服所有语言上的障碍,于是一致赞同以大熊猫形象作为该组织的标志。从此以后,可爱的大熊猫便成为全球自然保护运动的一个偶像性标志了。

WWF的大熊猫标志是注册过的商标,任何个人和单位在未经许可的情况下不得使用此标志哦!

趣味指数:★★★★★

世界濒危动物名单

①白鳍豚　②苏门答腊虎

③北部白犀牛　④奥里诺科鳄鱼

⑤僧海豹　⑥小嘴狐猴

⑦兰·坎皮海龟　⑧奥瑞纳克鳄鱼

⑨泰国猪鼻蝙蝠　⑩夏威夷蜗牛

⑪微型猪　⑫斯比克斯鹦鹉

中国濒危动物名单

①大熊猫　②金丝猴

③白鳍豚　④华南虎

⑤朱鹮　⑥褐马鸡

⑦扬子鳄　⑧黑颈鹤

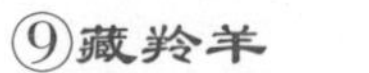

⑨藏羚羊　⑩麋鹿